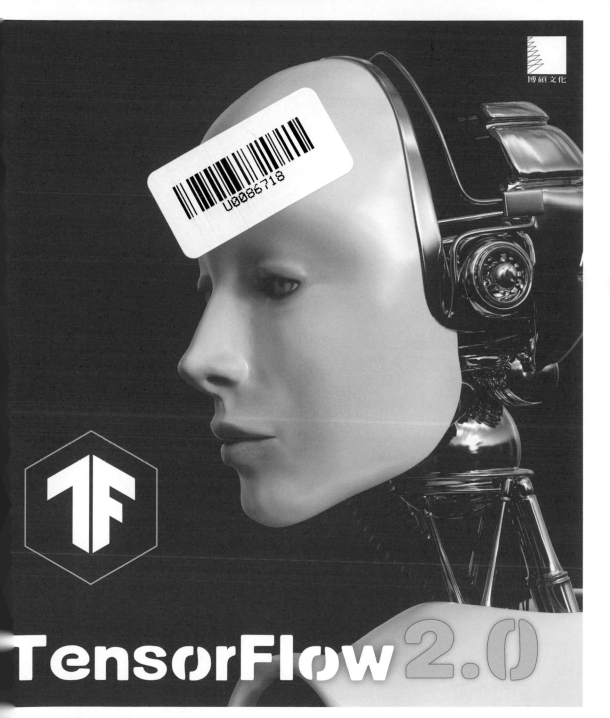

博碩文化

U0086718

TensorFlow 2.0

深度學習快速入門

從1到2快人一步 ● 從0到2一步到位

趙英俊 — 著
廖信彥 — 審校

 本書範例檔案請上博碩官網下載

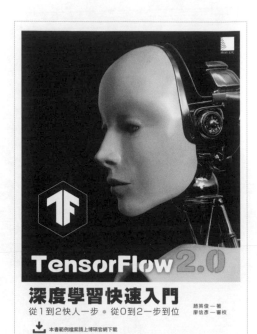

TensorFlow 2.0

深度學習快速入門

從1到2快人一步 ● 從0到2一步到位

趙英俊 — 著
廖信彥 — 審校

本書範例檔案請上博碩官網下載

本書如有破損或裝訂錯誤，請寄回本公司更換

國家圖書館出版品預行編目(CIP)資料

TensorFlow 2.0 深度學習快速入門：從1到2快人一步，從0到2一步到位 / 趙英俊著. -- 初版. -- 新北市：博碩文化, 2020.04

面； 公分

ISBN 978-986-434-482-6(平裝)

1. 人工智慧

312.83   109004034

Printed in Taiwan

博碩粉絲團

歡迎團體訂購，另有優惠，請洽服務專線
(02) 2696-2869 分機 238、519

作　　者：趙英俊
審　　校：廖信彥
責任編輯：蔡瓊慧

董 事 長：陳來勝
總 編 輯：陳錦輝
出　　版：博碩文化股份有限公司
地　　址：221新北市汐止區新台五路一段112號10樓A棟
　　　　　電話(02) 2696-2869　傳真(02) 2696-2867

發　　行：博碩文化股份有限公司
郵撥帳號：17484299　戶名：博碩文化股份有限公司
博碩網站：http://www.drmaster.com.tw
讀者服務信箱：dr26962869@gmail.com
訂購服務專線：(02) 2696-2869 分機 238、519
(週一至週五 09:30～12:00；13:30～17:00)
版　　次：2020 年 04月初版一刷
建議零售價：新台幣 420 元
I S B N：978-986-434-482-6
律師顧問：鳴權法律事務所 陳曉鳴律師

推薦序

AlphaGo 以「Master」（大師）作為 ID，橫空出世，在中國烏鎮圍棋峰會上，它與世界圍棋冠軍柯潔對戰，在圍棋領域擊敗人類精英。

接下來，AlphaGo Zero 從空白狀態起步，在無任何人類輸入的條件下，便能迅速自學圍棋，並以 100：0 的戰績擊敗人類「前輩」。

機器學習，當嘗試以人類經驗圖譜開始學習後，短短數年，就在圍棋領域，擊敗了擁有幾千年沉澱的人類頂尖高手。

如果說這是機器的力量，那麼 AlphaGo Zero 在嘗試不以人類的經驗圖譜，進行自我深度學習時，則產生另一種質的飛躍，這就是機器學習的力量。

機器學習作為人工智慧的一種類型，可以讓軟體根據大量的資料，以對未來的情況進行闡述或預判。這項技術能夠透過經驗學習和自我深度學習，幫助人類在各個領域取得突破性的進展。現今，領先的科技巨頭無不投入大量資源至機器學習領域。Google、Apple、微軟、阿里巴巴、百度，盡皆深度參與，期望成為機器學習技術的鋪路者、領航者與實踐者。

未來是什麼樣子，沒人說得清楚，但是在一步步來臨的道路上，必然有機器學習技術的鋪墊。

2011 年，「Google 大腦」開始展開針對科學研究和工程應用的大規模深度學習，TensorFlow 是 Google 第二代機器學習系統。如今，Google 將此系統開源，並且開放此系統的參數給業界工程師、學者和大量擁有程式設計能力的技術人員，正是為了讓全世界的人都能夠從機器學習與人工智慧中獲益。

TensorFlow 社群，可說是機器學習領域最活躍和友善的社群之一。社群的好處，在於學習的道路上，有很多人同行，個人的任何問題和疑惑，在社群中都能得到相當不錯的答案。如果想瞭解和探索機器學習，那麼 TensorFlow 是一個相當不錯的選擇。倘若想學習 TensorFlow，那麼這本書便能以最低難度領略機器學習的奧秘。

我可以代表這一類人，身為多年的技術工作者，工作中和機器學習也有一些接觸，對機器學習具有比較濃厚的興趣。拿到這本書，可謂相見恨晚，翻閱後，以電腦作為武器，按照書中所示比畫著，一招一式不覺間就進入機器學習的奇妙世界。此舉也使個人透過瞭解機器如何進行自我深度學習，讓自己從另一個角度開始思考，並得到助益。

英俊的這本書，書如其名，內容英朗俊秀，深入淺出，淺顯易懂，思在天地，行在山野。

適合閱讀本書的讀者：期望入門機器學習的學生、技術工作者及其身邊的人。如果恰好是其中一員，又讀到了這裡，請不要錯過這本書，因為書中的專案可能會比 Android 系統更加深遠地影響世界！

薛巍

阿里巴巴菜鳥網路技術專家
中國，杭州
2019 年 9 月

前言

坦白說，我的技術生涯規劃，還未想過要在 30 歲生日之前出版一本技術書籍。30 歲這一年，感覺有 280 天以上每天工作超過 12 小時。每日積極處理工作上的事情以求取得事業成就、學習自己欠缺的技術以求能力提升、利用自己學到的知識以期幫助更多的人；在 30 歲這一年，第一次體會到頸椎病帶來的痛苦，也將一直引以為傲的視力熬成了近視。之所以如此逼迫自己，大概是因為不自信和癡癡的責任心在作祟。

創作初衷

最開始籌畫這本書的時候，只是想把自己在小象學院的課程內容（關於TensorFlow 1.x）整理成書，但是當看到 TensorFlow 2.0 公佈發表計畫之後，又覺得撰寫一本 TensorFlow 1.x 的書沒有意義，而且會浪費讀者的時間和精力。因此，我徹底推翻書稿原來規劃的內容，重新調整所有的知識點，所有的實作案例都改用 TensorFlow 2.0 重新設計，進而導致交稿日期一拖再拖。說到這裡，便得特別感謝電子工業出版社的張春雨老師，他一直在推動、鼓勵甚至督促筆者，才能跌跌撞撞、寫寫停停完成了初稿、提升稿、提交稿。在本書寫作過程中，江郎才盡和被掏空的感覺，對個人來說是最大的煎熬。

我一直是一個喜歡分享知識和觀點的人，但是這種自成體系、持續、面向大眾的分享和輸出，讓我對自己的要求不斷提高，總是擔心寫錯了會誤人子弟。這不是一個輕鬆的過程，尤其是在創業初期，首先要做的是全力以赴、出色地完成產品和技術工作，然後利用本來就不多的休息時間，以完成技術的提升和本書的編寫。從一個追求深度的技術人員的視角來看，本書無法令自己百分之百滿意，但凡事總要邁出第一步，希望這本書能夠為讀者帶來一定的參考和學習價值。

本書結構

本書在內容規劃上區分為 3 個部分，共 7 章，具體如下。

第 1 部分：程式設計基礎入門，包括 Python 基礎程式設計入門，以及 TensorFlow 2.0 快速入門知識。

- **第 1 章　Python 基礎程式設計入門**：本章闡述 Python 的歷史、基礎資料類型、資料處理工具 Pandas、影像處理工具 PIL 等，基本上涵蓋了後續章節即將用到的 Python 程式設計知識和工具。

- **第 2 章　TensorFlow 2.0 快速入門**：本章從快速上手的角度，透過 TensorFlow 2.0 的簡介、環境建置、基礎知識、高階 API 程式設計等內容，詳細講解 TensorFlow 2.0 程式設計所需的知識和技巧。

第 2 部分：TensorFlow 2.0 程式設計實作，內含 4 個程式設計案例，分別為基於 CNN 的圖形識別應用、基於 Seq2Seq 的中文聊天機器人、基於 CycleGAN 的圖形風格轉移應用、基於 Transformer 的文字情感分析。

- **第 3 章　基於 CNN 的圖形識別應用程式設計實作**：本章介紹基於 CNN 實作對 CIFAR-10 圖形資料的訓練，以及線上圖形分類預測；包括 CNN 基礎理論知識、程式設計用到的 TensorFlow 2.0 API 詳解、專案工程結構設計、專案實作程式碼詳解等。

- 第 4 章　基於 Seq2Seq 的中文聊天機器人程式設計實作：本章介紹基於 Seq2Seq 實作對「小黃雞」對話資料集的訓練，以及線上中文聊天；包括自然語言模型、RNN（循環神經網路）、Seq2Seq 模型、程式設計用到的 TensorFlow 2.0 API 詳解、專案工程結構設計、專案實作程式碼詳解等。

- 第 5 章　基於 CycleGAN 的圖形風格轉移應用程式設計實作：本章介紹基於 CycleGAN 實作對 Apple2Orange 資料集的訓練，以及圖形線上風格轉移；包括 GAN 基礎理論知識、CycleGAN 演算法原理、程式設計用到的 TensorFlow 2.0 API 詳解、專案工程結構設計、專案實作程式碼詳解等。

- 第 6 章　基於 Transformer 的文字情感分析程式設計實作：本章介紹基於 Transformer 的變形結構實作對 IMDB 評價資料集的訓練，以及線上針對文字的情感分析和預測；包括 Transformer 基本結構、注意力機制、位置編碼、程式設計用到的 TensorFlow 2.0 API 詳解、專案工程結構設計、專案實作程式碼詳解等。

第 3 部分：TensorFlow 2.0 模型服務化部署，採用 TensorFlow Serving 實作與完成模型的訓練，以進行正式環境的服務化部署。

- 第 7 章　基於 TensorFlow Serving 的模型部署實作：本章介紹基於 TensorFlow Serving 框架實作對 CNN 圖形分類模型的服務化部署；包括 TensorFlow Serving 框架簡介、TensorFlow Serving 環境建置、程式設計用到的 TensorFlow 2.0 API 詳解、專案工程結構設計、專案實作程式碼詳解等。

致謝

最後，衷心感謝內人包佳楠，謝謝她一直以來的鼓勵，以及一絲不苟地校正書稿的語法錯誤和錯別字，每次自己想要放棄的時候，她總是用幾句不輕不重的話語讓我重新回到本書來。

目錄

01 Python 基礎程式設計入門

02 TensorFlow 2.0 快速入門

03　基於 CNN 的圖形識別應用程式設計實作

04 基於 Seq2Seq 的中文聊天機器人程式設計實作

05 基於 CycleGAN 的圖形風格轉移應用程式設計實作

06 基於 Transformer 的文字情感分析程式設計實作

07 基於 TensorFlow Serving 的模型部署實作

A 參考資料

Python 基礎程式設計入門

Python 是當今人工智慧領域的主要程式語言。本書開篇先講解 Python 的基礎程式設計入門，目的是讓讀者能夠學習或複習 Python 的基本用法，以便在閱讀後續章節的程式碼時不會感到陌生。

本章將介紹 Python 的歷史、Python 的基礎資料類型、Python 的資料處理工具 Pandas，以及影像處理工具 PIL。

▶ 1.1 Python 的歷史

Python 是一種電腦程式語言，從面市至今已有將近 30 年的時間。Python 的設計目的是要創造一種簡單、易用且功能全面的語言。在 Python 發展的 30 年中，前 20 年一直是小眾語言，近 10 年隨著人工智慧的興起，才逐步進入全世界程式人員的視野。

1.1.1 Python 版本的演進

Python 是由 Guido van Rossum（以下稱 Guido）在 1989 年 12 月底著手編寫的一種程式語言。編寫 Python 語言是想創造一種介於 C 語言和 shell 之間功能全面、易學、易用且可擴展的「膠水」語言。1991 年，Guido 撰寫了第一個 Python 編譯器，這也意味著 Python 語言的誕生。在接下來的 20 年中，Python 從 1.0 版本演進到 2.7 版本。Python 2.7 版本是 Python 2.x 系列的終結版本。2008 年 Python 社群發表了 Python 3.0 版本，且宣佈自 2020 年之後社群只支援 Python 3.x 版本，停止更新和支持 Python 2.x 版本。如果才剛剛開始學習 Python，建議直接選擇 Python 3.x 版本。

1.1.2 Python 的專案應用情況

近幾年 Python 變得炙手可熱，這有賴於其在人工智慧和資料分析領域的應用，但是 Python 能做的並不僅限於此。Python 擁有豐富的函數程式庫和框架，讓它在 Web 開發領域也得到較多的應用，例如歐美的 YouTube、DropBox 和 Instagram，中國的知乎、豆瓣等，許多大型網際網路應用程式的開發都使用了 Python。由此可知，Python 已經是一種相當完善的專案開發語言，可以在掌握它的前提下開發任意應用程式。本章將重點學習 Python 在人工智慧領域和資料處理領域的應用。

▶ 1.2 Python 的基礎資料類型

Python 的基礎資料類型，主要包括變數（Variable）、數字（Number）、字串（String）、清單（List）、元組（Tuple）和字典（Dictionary）。其中數字、字串、清單、元組和字典是 Python 5 種標準的資料類型，必須掌握它們的涵義、操作以及屬性。

1 變數

在 Python 中，不需要對變數進行類型宣告，可直接設定值後使用。一般是以「＝」為變數指派值，變數會自動取得設定值的類型。變數存放於記憶體中，根據不同的變數類型，解譯器會分配指定的記憶體，並依照其類型儲存對應的資料。

範例程式碼如下：

```
1.   # -*- coding:UTF-8 -*-
2.   a=1   #設定為整數型變數
3.   b=10.0   #設定為浮點數型變數
4.   c="Enjoy"   #設定為字串類型變數
5.   print(a)
6.   print(b)
7.   print(c)
8.   print(type(a))
9.   print(type(b))
10.  print(type(c))
```

輸出結果如下：

```
1.   1
```

```
2.    10.0
3.    Enjoy
4.    <class 'int'>
5.    <class 'float'>
6.    <class 'str'>
```

> **注意**：print 是 Python 的保留字，其作用是列印內容。
>
> 「# -*- coding: UTF-8 -*-」指明程式碼的編碼採用 UTF-8，這樣便可避免出現中文字元的編碼錯誤問題。
>
> type 是 Python 的保留字，用來返回變數的類型。

在 Python 設定變數值極其靈活和方便，例如使用上述範例程式的設定方式，或者以「=」對多個變數指定不同類型的值。範例程式碼如下：

```
1.    # -*- coding:UTF-8 -*-
2.    a,b,c = 1, 10.0, "Enjoy"  #對多個變數設定不同類型的值
3.    print(a)
4.    print(b)
5.    print(c)
6.    print(type(a))
7.    print(type(b))
8.    print(type(c))
```

輸出結果如下：

```
1.    1
2.    10.0
3.    Enjoy
4.    <class 'int'>
```

```
5.    <class 'float'>
6.    <class 'str'>
```

2 數字（Number）

Python 3.x 的數字類型包括 int（整數）、float（浮點數）和 complex（複數）。設定數字類型的變數時，範例程式碼如下：

```
1.    >>>var1=1
2.    >>>var2=12
```

如此就完成數字類型變數的設定，不過日常開發中這種方式一般用得比較少，更多是使用參數傳遞進行設定。

3 字串（String）

字串類型是經常用到的一種資料類型。在資料處理階段，一般需要對字串類型的資料進行類型轉換、字串擷取等操作。請注意，String 屬於 Python 內建序列類型的扁平序列。扁平序列存放的是實際值而非值的參照。String 和 Tuple 一樣都屬於不可變序列，也就是說，不允許修改其內容。String 可以透過「=」直接設定值，範例程式碼如下：

```
1.    >>> a = 'hello world'
2.    >>> b = "hello world"
3.    >>> a
4.    'hello world'
5.    >>> b
6.    'hello world'
```

4 清單（List）

清單屬於 Python 的容器序列，能夠存放不同類型的資料。清單是可變序列，可以根據需求修改清單內的資料。清單的建立和設定的範例程式碼如下：

```
1.    >>> l1 = ['a', 1, 12]
2.    >>> l1
3.    ['a', 1, 12]
4.    >>> l1[0] = "b"
5.    >>> l1
6.    ['b', 1, 12]
```

5 元組（Tuple）

元組的屬性和清單十分類似，不同的是元組中的元素不允許修改。元組使用小括弧來表示，它具有下列的操作特性。

- 當元組只包含一個值時，必須在這個值後面加上逗號，以消除歧義。例如

```
T=(30,)
```

- 元組與字串類似，下標的索引從 0 開始，不能刪除元組中的元素，但是可以進行擷取和組合操作。

```
1.    >>> t1=(10,11,12)
2.    >>> t2=(8,9,10)
3.    >>> t3=t1+t2
4.    >>> print(t3)
5.    (10, 11, 12, 8, 9, 10)
```

- 當一個物件未指定符號時，如果以逗號隔開，則預設為元組。

```
1.   >>> t1=1,3,'python'
2.   >>> print(t1)
3.   (1, 3, 'python')
```

- 不能刪除元組內的元素，但可以使用 del 語句刪除元組。
- 元組本身也是一個序列，因此可以存取元組中指定的位置，或者以索引取出元組中指定的元素。

```
1.   >>> t1=1,3,'python'
2.   >>>print(" 讀取第一個元素：", t1[0], " 讀取最後一個元素：", t1[-1],
     " 讀取所有元素：",t1[0:])
3.   # 讀取第一個元素：1 讀取最後一個元素：python 讀取所有元素：(1,3,'python')
```

- 元組內建一些函數用於元組的操作，例如 len(tuplc)，計算元組中元素的個數；max(tuple)，返回元組中元素的最大值；min(tuple)，返回元組中元素的最小值；tuple(seq)，將清單轉換為元組。

6 字典（Dictionary）

字典是一種可變容器模型，用來存放任意類型的物件。資料在字典中是按照 key-value 形式排列，儲存時 key 是唯一且不可變的資料類型，value 則允許重複。字典類型用大括弧「{ }」來表示，程式碼如下：

```
dict = {'a', 'b', 'c'}
```

存取字典的資料是透過 key 來完成，不同於清單或元組的下標方式。範例程式碼如下：

```
1.   >>> dict={'cpu':'8c', 'memory':'64G'}
2.   >>> print(dict['cpu'])
3.   8c
```

不允許改變字典中的 key，但是可以修改 value。一般是直接透過重新設定值的方式，以修改字典裡的元素。如果打算刪除字典的元素，則可利用 key 讀取該元素後，再以 del 命令移除。

```
1.   >>> dict
2.   {'cpu': '8c', 'memory': '64G'}
3.   >>> dict['cpu']='16c'   # 修改 cpu 元素的值
4.   >>> dict
5.   {'cpu': '16c', 'memory': '64G'}
6.   >>> dict
7.   {'cpu': '16c', 'memory': '64G'}
8.   >>> del dict['cpu']   # 刪除 cpu 元素
9.   >>> dict
10.  {'memory': '64G'}
```

Python 字典內建一些操作字典的方法，例如 dict.clear()，刪除字典所有的元素；dict.copy()，返回一個字典的淺複製；dict.fromkeys(seq[,val])，建立一個新字典，以序列 seq 的元素作為字典的鍵，val 為字典中所有鍵對應的初始值；dict.get(key,default=None)，返回指定鍵的 value，如果 value 不存在，便回傳 default 值；dict.has_key(key)，判斷字典是否存在待查詢的 key；dict.items()，以清單形式返回可巡訪的 (key,value) 元組陣列；dict.keys()，以清單形式返回字典中所有的鍵；dict.update(dict1)，把字典 dict1 的鍵值更新到 dict 中；dict.values()，以清單形式返回字典所有的值。

▶ **1.3 Python 資料處理工具之 Pandas**

Pandas 最核心的兩種資料結構是：一維的 Series 和二維的 DataFrame，Series 是帶有標籤的同構類型陣列，而 DataFrame 則是一個二維的表結構。在同構類型的資料中，一個 DataFrame 可以看作是由多個 Series 組成。

1.3.1 資料讀取和儲存

Pandas 是處理結構化資料非常重要的一個工具，其功能強大且好用。Pandas 能夠從 CSV、JSON、Text 等格式的檔案讀取資料，本節講解 CSV、JSON 格式資料的讀取和儲存。

☐1 **CSV 檔的讀取和儲存**

對 CSV 檔案進行操作有兩種介面（API），分別是 read_csv 和 to_csv。

（1）API：read_csv
read_csv() 是用來讀取 CSV 檔案的介面，它具有豐富的參數，可以組態以滿足實際的資料讀取需求。下面介紹一些關鍵且常用的參數。

- filepath_or_buffer：設定待讀取 CSV 檔案的路徑。
- sep：設定 CSV 檔案的行分隔符號，預設是逗號「,」。
- delimiter：可選參數，作為 sep 參數分隔符號的別名。
- delim_whitespace：設定是否採用空格作為行分隔符號。如果設為 True，那麼 sep 參數就沒有作用。
- header：用列數來作為行名，預設為自動推斷。

- names：設定欄名，如果讀取的 CSV 檔案沒有表頭，便得設定 header=None，否則會將第一列資料作為對應的行名。
- usecols：當只需要讀取 CSV 檔案的部分資料時，可以加上 usecols 指定讀取的行名，以取得資料。
- dtype：指定讀取資料的類型。
- encoding：設定檔案的編碼方式，一般是 UTF-8 或者 BIG5。

（2）API：to_csv

to_csv() 用來將資料存放到 CSV 檔案。其參數比較多，如下所示，但只有第一個參數必填。

- path_or_buf：設定 CSV 檔案的存放路徑。
- sep：設定檔案的分隔符號，預設是逗號「,」。
- na_rep：設定空值補全的值，預設是以空格代替。
- float_format：將浮點數格式轉換成字串類型。
- columns：指定寫入行的行名，如果不指定，則預設從第 1 行開始寫入。
- header：是否寫入表頭，預設是需要。
- index：是否寫入列名，預設是需要。
- index_label：用來作為索引的行，預設是沒有。
- mode：設定寫入模式，預設是 W。
- encoding：設定編碼格式，只適用於 Python 3 以前的版本。
- line_terminator：設定每列的結束符號，預設是「\n」。
- quotin：設定 CSV 的引用規則。
- quotechar：用來作為引用的字元，預設是空格。
- chunksize：指定每次寫入的列數。

- tuplesize_cols：設定寫入 list 的格式，預設為元組的方式。
- date_format：設定時間資料的格式。

2 JSON 檔案的讀取和儲存

JOSN 檔案的操作有兩個 API，分別是 read_json 和 to_json。

（1）API：read_json()

read_json() 是用來讀取 JSON 檔案或者返回 JSON 資料的介面。日常需要用到的組態參數如下。

- filepath_or_buffer：設定有效的 JSON 字串、JSON 檔案的路徑或者資料介面。資料介面可以是一個 URL 網址。
- type： 將 讀 取 的 資 料 產 生 為 Series 還 是 DataFrame， 預 設 是 DataFrame。

（2）API：to_json()

to_json() 用來將資料儲存為 JSON 格式。日常需要用到的組態參數如下。

- path_or_buf：設定 JSON 資料儲存的路徑，或者寫入的記憶體區域。
- date_format：設定時間資料的格式，epoch 表示配置成時間戳記的格式，iso 表示配置成 ISO 8601 的格式。
- double_precision：設定小數點後保留的位數，預設是 10 位。
- force_ascii：是否強制將 String 轉碼成 ASCII，預設為強制進行轉碼。
- date_unit：設定時間單位的格式，可以精確到秒級或毫秒級。

1.3.2 資料查看和選取

Pandas 的資料物件有 Series、DataFrame 和 Panel，常用的資料類型是一維的 Series 和二維的 DataFrame。DataFrame 擁有非常豐富的 API，能夠滿足資料選取和處理的需求。

☐1 查看資料

（1）df.shape

df.shape 用來查看資料的維度。由於 DataFrame 是二維的，因此 df.shape 的返回值包含兩個元素，df.shape[0] 返回的是列數，df.shape[1] 返回的則是行數。範例程式碼如下：

```
1.   >>> import pandas as pd
2.   >>> dict={'cpu':'8c', 'memory':'64G'}
3.   >>> df=pd.DataFrame(dict, index=[0])
4.   >>> df.shape[0]
5.   1
6.   >>> df.shape[1]
7.   2
```

（2）df.head()

df.head() 預設返回 DataFrame 資料的前 5 列，如果需要查看更多列，只需要傳遞參數進去即可。df.tail() 預設返回資料的後 5 列，若想查看更多的資料，同樣可以傳入參數。查詢資料的彙總統計可以使用 df.describe()，查看資料概況則可使用 df.info。範例程式碼如下：

```
1.   >>> import pandas as pd
2.   >>> dict=[{'cpu':'8c', 'memory':'64G'}, {'cpu':'12c',
```

```
      'memory':'64G'}]
3.    >>> df=pd.DataFrame(dict,index=[0,0])
4.    >>> df.head(2)   #查看前兩列資料
5.       cpu  memory
6.    0  8c   64G
7.    0  12c  64G
8.    >>> df.tail(1)   #查看最後一列資料
9.       cpu  memory
10.   0  12c  64G
11.   >>> df.describe()   #查看資料的彙總統計
12.          cpu  memory
13.   count  2    2
14.   unique 2    1
15.   top    12c  64G
16.   freq   1    2
17.   >>> df.info()   #查看資料概況
18.   <class 'pandas.core.frame.DataFrame'>
19.   Int64Index: 2 entries, 0 to 0
20.   Data columns (total 2 columns):
21.   cpu     2    non-null  object
22.   memory  2    non-null  object
23.   dtypes: object(2)
24.   memory usage: 48.0+ bytes
```

若想查看行名可以使用 df.columns()，各行的平均值則可直接使用 df.mean()。

2 選取資料

選取資料時，既允許使用行名，也可使用索引來選取。如果要查看某行的資料，則可利用 df[col_name] 或者 df.col_name；當查看多行時，可將多行的行名作為一個陣列傳參進去，如 df[[col1,col2]]。若想以索引來選取資料，則會用到 df.iloc。請注意，df.loc 和 df.iloc 在使用上是有區別的，df.loc 傳遞的是索引名稱，df.iloc 則傳遞索引的相對位置，一般較常使用 df.iloc。範例程式碼如下：

```
1.    >>> df.iloc[1]   #iloc 取的是索引的相對位置，即 DataFrame 的第二列元素
2.    cpu      12c
3.    memory    64G
4.    Name: 0, dtype: object
5.    >>> df.loc[0]   #loc 取的是列索引的名稱
6.      cpu  memory
7.    0  8c   64G
8.    0  12c  64G
9.    >>> df['memory']   # 透過行名查看資料
10.   0  64G
11.   0  64G
12.   Name: memory, dtype: object
13.   >>> df.cpu   # 透過行名查看資料，採用「.」的存取方式
14.   0  8c
15.   0  12c
```

1.3.3 資料處理

Pandas DataFrame 提供豐富的資料處理方法，為必要的資料操作和預處理提供非常大的幫助。下面看看常用的資料處理方法。

1 資料合併

進行資料預處理時，需要進行必要的資料合併操作，將分散的資料或者

部分資料整合到一起，以執行神經網路模型訓練。DataFrame 具有多個資料拼接的方法，例如 pd.concat() 可以直接放到陣列中按列拼接，也可以使用 pd.merge() 按行拼接，或者以 df.append() 增加某行資料。範例程式碼如下：

```
1.    >>> df
2.       cpu  memory
3.    0  8c   64G
4.    0  12c  64G
5.    >>> pie=[df, df]
6.    >>>df2=pd.concat(pie)   # 按列拼接，也就是說，資料增加到列的方向
7.    >>>df2
8.       cpu  memory
9.    0  8c   64G
10.   0  12c  64G
11.   0  8c   64G
12.   0  12c  64G
13.   >>> df3=pd.merge(df2, df, on='cpu')   # 按行 cpu 進行拼接。稍後發現會
         在拼接後的 df3 中增加一行，且行名變成 memory_x, memory_y
14.   >>> df3
15.      cpu  memory_x memory_y
16.   0  8c   64G      64G
17.   1  8c   64G      64G
18.   2  12c  64G      64G
19.   3  12c  64G      64G
```

2 資料清理

透過 DataFrame 處理資料時，如果資料的品質不高，則需要清理一些空值或者進行空值補全。

一般是以 df3.isnull() 檢查資料是否為空值，df3.isnull().sum() 進行空值的統計。如果需要對空值進行補全，則可利用 df3.fillna(n)，n 值就是替換空值的值。如果想要去掉所有帶有空值的資料，則可使用 df3.dropna() 刪除包含空值的行和列，預設是刪除包含空值的列。df3.dropna(axis=1) 會刪除包含空值的行。範例程式碼如下：

```
1.   >>> df3
2.      cpu  memory_x memory_y
3.   0  8c      64G      64G
4.   1  8c      64G      None
5.   2  12c     64G      64G
6.   3  12c     64G      64G
7.   >>> df3.isnull()  #判斷 df3 為空值的元素，返回的是整個 df3 的空值判斷
     結果分佈
8.        cpu  memory_x memory_y
9.   0  False    False    False
10.  1  False    False    True
11.  2  False    False    False
12.  3  False    False    False
13.  >>> df3.isnull().sum()  #統計 df3 中空值元素的個數，返回的是按行統
     計結果
14.  cpu       0
15.  memory_x  0
16.  memory_y  1
17.  dtype: int64
18.
19.  >>> df3.fillna('32G')  #對 df3 的空值元素以 32G 進行空值補全。請注
     意，這裡的補全只是針對返回的結果，不改變 df3 的原始空值。此規則同樣適用
     於 df3.fillna() 和 df3.dropna()
20.     cpu  memory_x memory_y
21.  0  8c      64G      64G
```

```
22.  1  8c      64G     32G
23.  2  12c     64G     64G
24.  3  12c     64G     64G
25.  >>> df3   # 可以看到 df3 的空值並沒有改變
26.     cpu  memory_x  memory_y
27.  0  8c      64G     64G
28.  1  8c      64G     None
29.  2  12c     64G     64G
30.  3  12c     64G     64G
31.  >>> df3.dropna()
32.     cpu  memory_x  memory_y
33.  0  8c      64G     64G
34.  2  12c     64G     64G
35.  3  12c     64G     64G
36.  >>> df3.dropna(axis=1)
37.     cpu  memory_x
38.  0  8c      64G
39.  1  8c      64G
40.  2  12c     64G
41.  3  12c     64G
```

3 資料處理

處理資料時，通常還會遇到諸如轉換資料類型、統計唯一值的個數，以及
序列排序等需求。DataFrame 也提供一些對應的操作方法，例如，轉換資
料類型是 df3.astype()，統計唯一值的個數是 df3.columns.value_counts()，
序列排序則可使用 df3.sort_values(by=colname, ascending=True)。範例程
式碼如下：

```
1.  >>> df3
2.     cpu  memory_x  memory_y
```

```
3.    0   8      64G        64G
4.    1   8      64G        None
5.    2   8      64G        64G
6.    3   8      64G        64G
7.    >>> df3['cpu'].astype(float)   # 對指定行轉換資料類型，將 cpu 行的類
      型從 int 轉換為 float。如同 df3.fillna() 一樣，此操作並不會改變 df3 的原
      始值，而是將 df3 複製一份，進行對應的資料轉換後返回
8.    0   8.0
9.    1   8.0
10.   2   8.0
11.   3   8.0
12.   Name: cpu, dtype: float64
13.   >>> df3.columns.value_counts()   # 統計 df3 中的唯一值，按行返回統
      計結果
14.   memory_x  1
15.   memory_y  1
16.   cpu       1
17.   dtype: int64
18.   >>>df3
19.      cpu  memory_x  memory_y
20.   0   8      64G        64G
21.   1   12     64G        None
22.   2   8      64G        64G
23.   3   8      64G        64G
24.   >>> df3.sort_values(by='cpu', ascending=True)   # 按照 cpu 行的元素
      值大小昇冪排列
25.      cpu  memory_x  memory_y
26.   0   8      64G        64G
27.   2   8      64G        64G
28.   3   8      64G        64G
29.   1   12     64G        None
```

▶ 1.4 Python 影像處理工具之 PIL

在 Python 進行影像處理有 PIL、OpenCV 等工具。PIL 是 Python 常用的影像處理工具，本書將以 PIL 為例處理影像。本節詳細介紹影像處理工具 PIL。

1.4.1 PIL 簡介

PIL 是 Python Imaging Library 的簡稱，目前已經是 Python 生態系統中影像處理的標準程式庫。PIL 之所以如此受歡迎，是因為它的功能十分強大且 API 非常簡單、易用。PIL 只支援 Python 2.x 版本，目前支持 Python 3.x 的是社群在 PIL 的基礎上 Fork 的版本，專案叫作 Pillow。

1.4.2 PIL 介面詳解

下面會講解 PIL 的常用介面，並列出範例程式碼。

1 圖形讀寫

（1）從檔案讀取圖形資料

Image.open()：本 API 提供開啟影像檔和讀取圖形資料的功能。

範例程式碼如下：

```
1.    from PIL import Image
2.    with open("enjoy.jpg","rb") as fp:
3.    im = Image.open(fp)
```

（2）從壓縮檔讀取圖形資料

TarIO()：本 API 提供 tar 檔的讀取功能，不用解壓縮就能直接從 tar 檔讀取圖形資料。

範例程式碼如下：

```
1.    from PIL import Image, TarIO
2.    fp = TarIO.TarIO("enjoy.tar","enjoy.jpg")
3.    im = Image.open(fp)
```

（3）將圖形資料儲存為 JPEG 格式

Image.save()：本 API 提供圖形資料的儲存功能，用來存放訓練所需的圖形格式。

範例程式碼如下：

```
1.    import os, sys
2.    from PIL import Image
3.
4.    for infile in sys.argv[1:]:
5.        f,e = os.path.splitext(infile)
6.        outfile = f + ".jpg"
7.        ifinfile! = outfile:
8.          try:
9.              Image.open(infile).save(outfile)
10.         exceptIOError:
11.            print("cannotconvert",infile)
```

2 圖形編輯

圖形編輯包括產生圖形縮圖、圖形格式查詢和圖形擷取等操作，尤其是圖形擷取，這是設計程式時經常需要做的操作。

（1）產生圖形縮圖

設計程式的過程中，有時會遇到圖形資料過大，導致出現記憶體或者視訊記憶體溢出的問題。im.thumbnai 這個 API 提供將圖形製作成縮圖的功能，在不改變主要圖形特徵的情況下，對圖形進行縮略變換，以減小圖形資料。

範例程式碼如下：

```
1.    import os, sys
2.    from PIL import Image
3.    # 初始化縮圖的尺寸
4.    size=(128, 128)
5.    # 逐個讀取圖形並產生縮圖儲存
6.    for infile in sys.argv[1:]:
7.        # 初始化縮圖的儲存路徑
8.        outfile = os.path.splitext(infile)[0] + ".thumbnail"
9.        if infile != outfile:
10.         try:
11.             # 讀取圖形並進行縮略轉換，最好儲存縮圖
12.             im = Image.open(infile)
13.             im.thumbnail(size)
14.             im.save(outfile, "JPEG")
15.         exceptIOError:
16.             print("cannotcreatethumbnailfor", infile)
```

（2）圖形格式查詢

處理影像時，需要查看或者判斷圖形的格式，以防止因圖形格式不一致引起的錯誤。im.format、im.size 和 im.mode 這些 API 分別提供圖形的格式、尺寸、色彩模式（RGB、L）資訊的查詢功能。

範例程式碼如下：

```
1.    from PIL import Image
2.    for infile in sys.argv[1:]:
3.        with Image.open(infile) as im:
4.            print(infile, im.format, "%dx%d" % im.size, im.mode)
```

（3）圖形擷取

在實際業務場景中，有時取得的圖形尺寸可能不一樣，而在訓練時則要求固定的資料維度。因此，進行訓練前需要對資料進行預處理，可使用 im.crop 擷取圖形，以保持圖形的尺寸統一。

範例程式碼如下：

```
1.    from PIL import Image
2.    file = "enjoy.jpeg"
3.    # 讀取圖形資料
4.    im = Image.open(file)
5.    # 初始化擷取圖形的範圍
6.    box = (100, 100, 400, 400)
7.    # 完成圖形的擷取並儲存圖形
8.    im.crop(box)
9.    im.save("enjoy_region.jpeg", JPEG)
```

③ 圖形尺寸變換

im.resize() 提供圖形尺寸的變換功能，可以按照需求變換來源圖形的尺寸。im.rotate() 提供圖形的旋轉功能，可以根據需求旋轉不同的角度。

範例程式碼如下：

```
1.   from PIL import Image
2.   file = "enjoy.jpeg"
3.   im = Image.open(file)
4.   im.resize((256,256)).rotate(90)   # 將圖形重置為 256px×256px，然後
     旋轉 90°
5.   im.save("enjoy_rotate.jpeg", JPEG)
```

④ 像素變換

（1）像素色彩模式變換

在實際線上環境中，通常需要對圖形進行二值化，此時便可透過 convert() 進行。這個 API 提供將圖形進行像素色彩模式轉換的功能，可在支援的像素色彩格式之間進行轉換。在人工智慧演算法程式設計中，經常是將 RGB 模式進行二值化操作，範例程式碼如下：

```
1.   from PIL import Image
2.   file = "enjoy. jpeg"
3.   # 將圖形轉換為黑白模式
4.   im = Image.open(file).convert("L")
5.   im.save("enjoy_convert.jpeg", JPEG)
```

（2）像素對比度調節

處理圖形資料時，為了增加圖形資料的特徵，一般會調節像素對比度。im.filter() 提供調節像素對比度的功能，透過調整訓練檔案的對比度來降低雜訊，也是一種特徵處理的手段。

範例程式碼如下：

```
1.    from PIL import Image
2.    file = "enjoy. jpeg"
3.    im = Image. open(file)
4.    im.filter(ImageFilter.DETAL)
5.    im.save("enjoy_filter.jpeg", JPEG)
```

1.4.3 PIL 影像處理實作

日常設計影像處理程式時，經常會遇到需針對訓練資料轉換檔案格式的情況，例如從 JPG 檔轉換為 CIFAR-10 檔，這樣便可提高訓練資料的讀取效率，並且為資料操作帶來更大的便捷性。下面是將正常 JPG 檔轉換為 CIFAR-10 檔的範例程式碼：

```
1.    # -*- coding:utf-8 -*-
2.    import pickle, pprint
3.    from PIL import Image
4.    import numpy as np
5.    import os
6.    # 編寫程式之前需要匯入依賴套件，例如 PIL、numpy 等
7.    class DictSave(object):
8.       # 定義方法類別
9.       def __init__(self, filenames, file):
10.         self.filenames = filenames
```

```
11.        self.file = file
12.        self.arr = []
13.        self.all_arr = []
14.        self.label = []
15.    # 定義圖形輸入函數
16.    def image_input(self, filenames, file):
17.        i=0
18.        for filename in filenames:
19.            self.arr, self.label = self.read_file(filename, file)
20.            if self.all_arr == []:
21.                self.all_arr = self.arr
22.            else:
23.                self.all_arr = np.concatenate((self.all_arr, self.arr))
24.
25.            print(i)
26.            i=i+1
27.    # 定義檔案讀取函數
28.    def read_file(self, filename, file):
29.        im = Image.open(filename)   # 開啟一個圖形檔
30.        # 分離圖形的 RGB
31.        r,g,b = im.split()
32.        # 將 PILLOW 圖形轉成陣列
33.        r_arr = plimg.pil_to_array(r)
34.        g_arr = plimg.pil_to_array(g)
35.        b_arr = plimg.pil_to_array(b)
36.
37.        # 將 3 個一維陣列合併成一個一維陣列，大小為 32400
38.        arr = np.concatenate((r_arr, g_arr, b_arr))
39.        label=[]
40.        for i in file:
```

```
41.          label.append(i[0])
42.      return arr, label
43.    def pickle_save(self, arr, label):
44.        print(" 正在儲存 ")
45.        # 建構字典，所有的圖形資料都在 arr 陣列，這裡只儲存圖形資料，不包括
           label
46.        contact = {'data': arr, 'label': label}
47.        f = open('data_batch', 'wb')
48.
49.        pickle.dump(contact,f)   # 把字典存放到文字中
50.        f.close()
51.        print(" 儲存完畢 ")
52.  if __name__ == "__main__":
53.    file_dir = 'train_data'
54.    L=[]
55.    F=[]
56.    for root, dirs, files in os.walk(file_dir):
57.        for file in files:
58.            if os.path.splitext(file)[1] == '.jpg':
59.                L.append(os.path.join(root, file))
60.                F.append(file)
61.
62.    ds = DictSave(L,F)
63.    ds.image_input(ds.filenames, ds.file)
64.    print(ds.all_arr)
65.    ds.pickle_save(ds.all_arr, ds.label)
66.    print(" 最終陣列的大小 :" + str(ds.all_arr.shape))
```

TensorFlow 2.0 快速入門

本章介紹 TensorFlow 相關知識，並帶領大家完成 TensorFlow 2.0 的快速入門。內容分為 TensorFlow 2.0 簡介、TensorFlow 2.0 環境建置、TensorFlow 2.0 基礎知識、TensorFlow 2.0 高階 API（tf.keras）共 4 節。

▶ 2.1 TensorFlow 2.0 簡介

TensorFlow 起源於 Google 內部的 DistBelief 平台，2015 年 11 月 9 日依據 Apache 2.0 協議予以開源。TensorFlow 是一個非常優秀的深度神經網路機器開源平台，自發佈以來受到人工智慧研究者和工程師的熱烈追捧，在學術界和工業界迅速取得大量應用。TensorFlow 1.x 經過三年多的演進，在 2018 年的 Google Cloud Next 上，TensorFlow 團隊宣佈開啟 TensorFlow 2.0 的迭代。2019 年 3 月 TensorFlow 團隊發表 TensorFlow 2.0-Alpha 版本，同年 6 月則發佈 TensorFlow 2.0-Beta 版本。

TensorFlow 2.0 在 TensorFlow 1.x 版本上進行大幅度改進，主要的變化如下：

- 將 Eager 模式作為 TensorFlow 2.0 預設的運行模式。Eager 模式是一種命令列互動式的執行環境，不用建構 Session 就能完成控制流的計算和輸出。
- 刪除 tf.contrib 程式庫，將原有的高階 API 和應用整合到 tf.keras 程式庫。
- 合併精簡 API，將 TensorFlow 1.x 中大量重複、重疊的 API 進行整合精簡。
- 刪除全域變數，TensorFlow 2.0 不再有變數自動追蹤機制，開發者必須自己實作變數的追蹤。一旦丟失對變數的追蹤，便會被垃圾回收機制收回，不過開發者可以利用 Keras 物件減輕自己的負擔。
- 確立 Keras 高階 API 的唯一地位，在 TensorFlow 2.0 中，所有高階的 API 全部集中到 tf.keras 程式庫。

▶ 2.2 TensorFlow 2.0 環境建置

TensorFlow 支援 CPU 和 GPU 作為計算資源，而且無論是 Windows 系統還是 Linux 系統，都可以安裝 TensorFlow。如果使用的是 Windows 系統，為了安裝方便、快捷，建議採用 Anaconda 作為安裝工具。Anaconda 提供包括 Python 在內豐富的工具和計算程式庫。

2.2.1 CPU 環境建置

在 Linux 環境下，建議直接以 python3-pip 安裝 TensorFlow 2.0。以 Ubuntu 16.04 為例，安裝過程如下：

```
1.    # 安裝 python3-pip，Ubuntu16.04 系統預設已安裝 python3
2.    sudo apt-get install python3-pip
3.    # 安裝 TensorFlow2.0
4.    pip3 install tensorflow==2.0.0
5.    # 測試 python3 是否安裝成功
6.    python3
7.    # 匯入 tensorflow 並輸出其版本
8.    import tensorflow as tf
9.    print(tf.__version__)
```

在 Windows 環境下，則建議以 Anaconda 安裝 TensorFlow 2.0。以 Windows 10 為例，安裝過程如下：

（1）連結 Anaconda 官網，下載適合自己系統的安裝版本，如圖 2-1 所示。

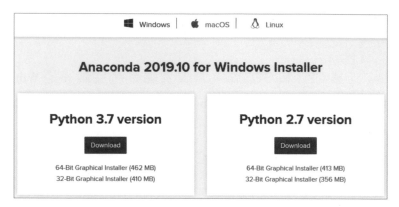

圖 2-1 選擇安裝版本

（2）安裝完成後，開啟 Anaconda Prompt，就可直接使用 conda 命令來
安裝。

```
1.    # 安裝 TensorFlow 2.0
2.    conda install tensorflow==2.0.0
3.
4.    # 測試 python3 是否安裝成功
5.    python
6.
7.    # 匯入 tensorflow 並輸出其版本
8.    import tensorflow as tf
9.
10.   print(tf.__version__)
```

2.2.2 基於 Docker 的 GPU 環境建置

TensorFlow 官方提供基於 NVIDIA GPU 顯示卡的 Docker 鏡像，只需要
在作業系統安裝 GPU 的驅動程式即可，不需要安裝 cuDNN 和 CUDA，

就能直接建構一個 TensorFLow-GPU 開發環境。底下以 Ubuntu 16.04 和 NVIDIA Tesla P4 為例,展示整個安裝過程。

(1)在 NVIDIA 官網查詢並下載 NVIDIA Tesla P4 顯示卡的驅動程式, 下載網址為 https://www.nvidia.cn/Download/index.aspx?lang=tw, 如圖 2-2 所示。

圖 2-2 下載顯示卡的驅動程式

(2)按照下列命令,依序完成相關操作。

```
1.    # 安裝 NVIDIA-410 驅動程式
2.    sudo bash NVIDIA-Linux-x86_64-410.104.run
3.
4.    # 安裝 docker-ce
5.
6.    # 刪除已經安裝的 Docker 相關系統
```

```
7.    sudo apt-get remove docker docker-engine docker-ce docker.io
8.
9.    # 更新系統資源
10.   sudo apt-get update
11.
12.   # 安裝 https 外掛程式，以便存取 HTTPS 資源
13.   sudo apt-get -y install apt-transport-https ca-certificates curl
      software-properties-common
14.
15.   # 取得 docker-ce 的資源金鑰
16.   curl -fsSL http://mirrors.aliyun.com/docker-ce/linux/ubuntu/gpg |
      sudo apt-key add -
17.   # 將 docker-ce 的資源加到 apt 程式庫
18.   sudo add-apt-repository "deb [arch=amd64] http://mirrors.aliyun.
      com/docker-ce/linux/ubuntu $(lsb_release -cs) stable"
19.   # 更新系統資源
20.   sudo apt-get update
21.   # 安裝最新的 docker-ce
22.   sudo apt-get install -y docker-ce
23.
24.   # 安裝 nvidia-docker2
25.
26.   # 卸載系統中可能存在的 nvidia-docker1
27.   sudo apt-get purge -y nvidia-docker
28.   # 取得 nvidia-docker2 的安裝資源金鑰，並加到 apt-key 中
29.   curl -s -L https://nvidia.github.io/nvidia-docker/gpgkey | sudo
      apt-key add -
30.   # 取得 nvidia-docker2 的安裝來源網址，並加到安裝來源列表中
31.   distribution=$(./etc/os-release; echo $ID$VERSION_ID)
```

```
32.  curl -s -L https://nvidia.github.io/nvidia-docker/$distribution/
     nvidia-docker.list | sudo tee /etc/apt/sources.list.d/nvidia-
     docker.list
33.  # 更新系統資源
34.  sudo apt-get update
35.  # 安裝 nvidia-docker2
36.  sudo apt-get install -y nvidia-docker2
37.  # 重啟系統
38.  reboot
39.  # 執行 tensorflowGPU 鏡像，測試 GPU 環境是否安裝成功
40.  docker run --runtime=nvidia -it -rm tensorflow/tensorflow:latest-
     gpu \ python -c "importtensorflowastf; print(tf.reduce_sum(tf.
     random_normal([1000,1000])))"
```

▶ 2.3 TensorFlow 2.0 基礎知識

以 TensorFlow 2.0 設計程式前，必須先掌握其基礎知識，包括執行模式和基本的語法操作等。

2.3.1 TensorFlow 2.0 Eager 模式簡介

TensorFlow 2.0 把 Eager 模式作為預設的模式，以此來提高 TensorFlow 的易用性和互動的友善性。TensorFlow 2.0 的 Eager 模式是一種命令式程式設計環境，無須建構計算圖，所有的操作會立即返回結果。Eager 模式不但允許開發者輕鬆地使用 TensorFlow 進行程式設計和偵錯模型，而且還讓程式碼變得更加簡潔。TensorFlow 官網總結的 Eager 模式的優勢如下。

- 直觀的程式碼結構：使程式碼更加符合 Python 的程式碼結構，整個程式邏輯一目了然。
- 更輕鬆的偵錯功能：直接呼叫操作，以檢查正在執行的模型並測試更改。
- 自然控制流程：使用 Python 而不是圖控制流程，降低動態圖模型的規模。

2.3.2 TensorFlow 2.0 AutoGraph 簡介

AutoGraph 是 tf.function 裝飾器帶來的一個魔法功能，可將 Python 控制流轉換為計算圖，換句話說，就是直接使用 Python 實作，並對計算圖進行另一種意義的編輯。透過 AutoGraph 將控制流轉換為計算圖的方式，可以帶來更快的模型執行效率，以及模型匯出的便利性。使用 tf.function 裝飾器具有下列優勢：

- 雖然一個函數被 tf.function 註解後會被編譯成圖，但是依然可以按照函數的方式進行呼叫。
- 如果在註解的函數中有被呼叫的函數，那麼該函數也將以圖的模式執行。
- tf.function 支援 Python 所有的控制流語句，例如 if、for、while 等。

2.3.3 TensorFlow 2.0 低階 API 基礎程式設計

TensorFlow 2.0 定義很多低階 API，和一些高階 API 相較下，更常用到這些低階的 API，下面列舉一些常用且重要的部分。

1 tf.constant

tf.constant 提供常數的宣告功能，範例程式碼如下：

```
1.   import tensorflow as tf
2.   a=tf.constant(7)
3.   a
4.   <tf.Tensor: id=2, shape=(), dtype=int32, numpy=7>
5.   a.numpy()
6.   7
```

2 tf.Variable

tf.Variable 提供變數的宣告功能，範例程式碼如下：

```
1.   import tensorflow as tf
2.   # 宣告一個 Python 變數
```

```
3.    a1=7
4.    # 宣告一個 0 階 Tensor 變數
5.    a2=tf.Variable(7)
6.    # 宣告一個 1 階 Tensor 變數，即陣列
7.    a3=tf.Variable([0,1,2])
8.    a1,a2,a3
9.    (7,
10.   <tf.Variable 'Variable:0' shape=() dtype=int32, numpy=7>,
11.   <tf.Variable 'Variable:0' shape=(3,) dtype=int32,
      numpy=array([0,1,2], dtype=int32)>)
```

3 tf.reshape

tf.reshape 提供多階 Tensor 的形狀變換功能，範例程式碼如下：

```
1.    import tensorflow as tf
2.    a=tf.Variable([[0,1,2], [3,4,5]])
3.    print(a.shape)
4.    (2,3)
5.    # 對 a 的形狀進行變換，轉換為 (3,2)
6.    a1=tf.reshape(a, [3,2])
7.    print(a1.shape)
8.    (3,2)
```

4 tf.math.reduce_mean

tf.math.reduce_mean 提供針對 Tensor 求平均值的功能，輸出資料類型乃根據輸入資料類型而定。使用該 API 時，設定的參數如下。

- input_tensor：設定輸入的 Tensor。
- axis：指定按行或按列求平均值，預設是全行全列求平均值。

- keepdims：設定輸出結果是否保持二維矩陣特性。
- name：設定操作的名稱。

範例程式碼如下：

```
1.    import tensorflow as tf
2.    a=tf.constant([1,2.,3,4,5,6,7.])
3.    print(a.dtype)
4.    print(tf.math.reduce_mean(a))
5.    # 輸入資料類型是 float32，輸出資料類型也是 float32
6.    <dtype:'float32'>
7.    tf.Tensor(4.0, shape=(), dtype=float32)
8.
9.    b=tf.constant([[1,2,1], [5,2,10]])
10.   print(b.dtype)
11.   print(tf.math.reduce_mean(b))
12.   # 輸入資料類型是 int32，輸出資料類型也是 int32，其實 b 的值應為
       (1+2+1+5+2+10)/6=3.5，這裡由於輸出類型為整數，因此強制輸出為 3
13.   <dtype: 'int32'>
14.   tf.Tensor(3, shape=(), dtype=int32)
```

5 tf.random.normal

tf.random.normal 可以隨機產生一個 Tensor，其值符合常態分佈。使用該 API 時，需要設定下列參數。

- shape：指定產生 Tensor 的維度。
- mean：常態分佈的中心值。
- stddev：常態分佈的標準差。
- seed：常態分佈的隨機生成種子。

- dtype：產生 Tensor 的資料類型。

範例程式碼如下：

```
1.    import tensorflow as tf
2.    a=tf.random.normal(shape=[2,3], mean=2)
3.    print(a.numpy())
4.
5.    [[1.466828    0.4622419   2.5640972]
6.     [1.5429804 0.59275925  2.6358705]]
```

6 tf.random.uniform

tf.random.uniform 可以隨機產生一個 Tensor，其值符合均勻分佈。使用該 API 時，需要設定下列參數。

- shape：設定產生 Tensor 的維度。
- minval：隨機產生數值的最小值。
- maxval：隨機產生數值的最大值。
- seed：常態分佈的隨機生成種子。
- dtype：產生 Tensor 的資料類型。

範例程式碼如下：

```
1.    import tensorflow as tf
2.    a=tf.random.uniform(shape=[2,3], minval=1, maxval=10, seed=8,
      dtype=tf.int32)
3.    print(a.numpy())
4.
5.    [[4 4 7]
6.     [2 2 8]]
```

7 tf.transpose

tf.transpose 提供矩陣的轉置功能。使用該 API 時，設定的參數如下。

- a：輸入需要轉置的矩陣。
- perm：轉置後矩陣的形狀。
- conjugate：當輸入矩陣是複數時，需要設為 True。
- name：設定本次操作的名稱。

範例程式碼如下：

```
1.    import tensorflow as tf
2.    x=tf.constant([[[1,2,3],
3.             [4,5,6]],
4.             [[7,8,9],
5.             [10,11,12]]])
6.    a=tf.transpose(x, perm=[0,2,1])
7.    print(a.numpy())
8.
9.    [[[1  4]
10.    [2  5]
11.    [3  6]]
12.
13.   [[7  10]
14.    [8  11]
15.    [9  12]]]
```

8 tf.math.argmax

tf.math.argmax 提供返回一個陣列內最大值對應索引的功能。使用該 API 時，可以設定下列參數。

- input：輸入的陣列。
- axis：計算的維度。
- output_type：輸出的格式。
- name：操作的名稱。

範例程式碼如下：

```
1.    import tensorflow as tf
2.    a=tf.constant([1,2,3,4,5])
3.    x=tf.math.argmax(a)
4.    print(x.numpy())
5.
6.    4
```

9 tf.expand_dims

tf.expand_dims 的作用是在輸入的 Tensor 中增加一個維度，例如 t 是一個維度為 [2] 的 Tensor，那麼 tf.expand_dims(t,0) 的維度就會變成 [1,2]。使用這個 API 時，需要設定下列參數。

- input：設定輸入的 Tensor。
- axis：設定需要增加維度的下標，例如 [2,1]，若需新增至 2 和 1 之間，則指定值為 1。
- name：設定輸出 Tensor 的名稱。

範例程式碼如下：

```
1.    import tensorflow as tf
2.    # 初始化一個維度為 (3,1) 的 Tensor
3.    a=tf.constant([[1], [2], [3]])
4.    print(a.shape)
```

```
5.    # 為 a 增加一個維度，使其維度變成 ( 1,3,1 )
6.    b=tf.expand_dims(a, 0)
7.    print(b.shape)
8.    print(b)
9.
10.   (3, 1)
11.   (1, 3, 1)
12.   tf.Tensor(
13.   [[[1]
14.    [2]
15.    [3]]], shape=(1,3,1), dtype=int32)
```

10 tf.concat

tf.concat 的作用是將多個 Tensor 在同一個維度上進行連接，使用該 API 時，需要設定下列參數。

- values：設定 Tensor 的清單或者是一個單獨的 Tensor。
- axis：指定按行或按列連接，axis=0 表示按列連接，axis=1 表示按行連接。
- name：設定運算操作的名稱。

範例程式碼如下：

```
1.    import tensorflow as tf
2.    a1=tf.constant([[2,3,4], [4,5,6], [2,3,4]])
3.    a2=tf.constant([[1,2,2], [6,7,9], [2,3,2]])
4.    # 按列進行連接
5.    b=tf.concat([a1,a2], axis=0)
6.    print(b.numpy())
7.
```

```
8.    [[234]
9.     [456]
10.   [234]
11.   [122]
12.   [679]
13.   [232]]
```

11 tf.bitcast

tf.bitcast 提供資料類型轉換功能。使用該 API 時，需要設定下列參數。

- input：設定需進行類型轉換的 Tensor，Tensor 的類型可以為 bfloat16, half, float32, float64, int64, int32, uint8, uint16, uint32, uint64, int8, int16, complex64, complex128, qint8, quint8, qint16, quint16, qint32。

- type：設定轉換後的資料類型，可供選擇的類型包括 tf.bfloat16, tf.half, tf.float32, tf.float64, tf.int64, tf.int32, tf.uint8, tf.uint16, tf.uint32, tf.uint64, tf.int8, tf.int16, tf.complex64, tf.complex128, tf.qint8, tf.quint8, tf.qint16, tf.quint16, tf.qint32。

- name：設定運算操作的名稱。

範例程式碼如下：

```
1.    import tensorflow as tf
2.    a=tf.constant(32.0)
3.    b=tf.bitcast(a, type=tf.int32)
4.
5.    print(a.dtype)
6.    <dtype: 'float32'>
7.
8.    print(b.dtype)
9.    <dtype: 'int32'>
```

▶ 2.4 TensorFlow 2.0 高階 API（tf.keras）

TensorFlow 2.0 刪減與合併了大量的高階 API 程式庫，根據官方的解釋，一切的變化都是為了使 TensorFlow 2.0 更加簡潔和易用。本節以官方推薦的唯一高階 API 程式庫 tf.keras 為主，概括性地介紹 TensorFlow 2.0 的高階 API。

2.4.1 tf.keras 高階 API 綜覽

TensorFlow 2.0 版本完全移除 tf.contrib 這個高階 API 程式庫，官方推薦的高階 API 只有 tf.keras。Keras 是一個用來降低機器學習程式設計門檻的專案，其在業界擁有眾多的擁護者和使用者。經過 Keras 社群的多年發展，Keras 整合許多符合商業和研究需求的高階 API。透過這些 API，只需幾行程式碼就能建構和執行一個非常複雜的神經網路。TensorFlow 官方社群首次宣佈 TensorFlow 2.0 版本計畫時，就表明 Keras 會深度融合至 TensorFlow 中，並且作為官方支援的高階 API。下面便來看看官方文件提到 tf.keras 下的介面模組。

- activations：tf.keras.activations 包含目前主流的啟動函數，直接透過該 API，便可呼叫啟動函數。
- applications：tf.keras.applications 包含已經進行預訓練的神經網路模型，可以直接進行預測或者移植學習。目前該模組內含一些主流的神經網路結構。
- backend：tf.keras.backend 包含 Keras 後台的一些基礎 API 介面，用來實作高階 API，或者自行建構神經網路。

- datasets：tf.keras.datasets 包含常用的公開資料訓練集，可以直接使用，資料集有 CIFAR-100、Boston Housing 等。
- layers：tf.keras.layers 包含已經定義、常用的神經網路層。
- losses：tf.keras.losses 包含常用的損失函數，可根據實際需求直接呼叫。
- optimizers：tf.keras.optimizers 包含主流的優化器，可以直接使用其 API。例如呼叫 Adm 等優化器，然後配置所需的參數即可。
- preprocessing：tf.keras.preprocessing 包含資料處理的一些方法，區分為圖片資料處理、語言序列處理、文字資料處理等。例如 NLP 常用的 pad_sequences，在神經網路模型訓練前的資料處理上，提供非常強大的功能。
- regularizers：tf.keras.regularizers 提供常用的正則化方法，包括 L1、L2 等範式。
- wrappers：tf.keras.wrappers 是一個 Keras 模型的包裝器，當需要進行跨框架移植時，便可使用該 API 介面提供與其他框架的相容性。
- Sequential 類別：tf.keras.Sequential 允許我們將神經網路層進行線性組合，以形成神經網路結構。

2.4.2 tf.keras 高階 API 程式設計

後面的章節會結合實作案例，詳細講解主要高階 API 的用途。本節將建構一個線性回歸模型的範例，以介紹 TensorFlow 2.0 高階 API 的使用。

1 使用 tf.keras 高階 API 建構神經網路模型

在 TensorFlow 2.0 中，可以透過高階 API tf.keras.Sequential 建構神經網路模型。範例程式碼如下：

```
1.    # 匯入所需的依賴套件
2.    import tensorflow as tf
3.    import numpy as np
4.
5.    # 產生一個 tf.keras.Sequential 實體
6.    model=tf.keras.Sequential()
7.    # 使用 Sequential 的 add 方法增加一層全連接神經網路
8.    model.add(tf.keras.layers.Dense(input_dim=1, units=1))
9.
10.   # 以 Sequential 的 compile 方法編譯神經網路模型，loss 函數使用 MSE，
      optimizer 則使用 SGD（隨機梯度下降）
11.   model.compile(loss='mse', optimizer='sgd')
```

2 使用 tf.keras 高階 API 訓練神經網路模型

完成神經網路模型的建構和編譯之後，下一步是準備訓練資料，然後開始訓練神經網路模型。此處利用 tf.keras.Sequential 的 fit 方法進行訓練，範例程式碼如下：

```
1.    # 隨機產生一些訓練資料，在 -10 到 10 的範圍內建立 700 個等差數列作為輸
      入資料
2.    X=np.linspace(-10, 10, 700)
3.    # 透過一個簡單的演算法產生 Y 資料，模擬訓練資料的標籤
4.    Y=2*X+100+np.random.normal(0, 0.1, (700, ))
5.    # 開始訓練，「verbose=1」表示以進度條的形式顯示訓練訊息，「epochs=200」
      表示訓練的 epochs 為 200，「validation_split=0.2」表示分離 20% 的資料作
      為驗證資料
6.    model.fit(X, Y, verbose=1, epochs=200, validation_split=0.2)
```

3 使用 tf.keras 高階 API 儲存神經網路模型

完成神經網路模型的訓練之後，接著以 Sequential 的 save 方法，將訓練的神經網路模型儲存為 H5 格式的模型檔。範例程式碼如下：

```
1.    filename='line_model.h5'
2.    model.save(filename)
3.    print(" 儲存模型為 line_model.h5")
```

4 使用 tf.keras 高階 API 載入模型進行預測

載入神經網路模型需要透過 tf.keras.models.load_model 這個 API，完成模型的載入後，便可使用 Sequential 的 predict 方法進行預測。範例程式碼如下：

```
1.    x=tf.constant([0.5])
2.    model=tf.keras.models.load_model(filename)
3.    y=model.predict(x)
4.    print(y)
```

基於 CNN 的圖形識別應用
程式設計實作

本章以 CNN 為基礎，完成一個 CIFAR-10 圖形識別應用範例，並分為 4 個部分講解，分別為：CNN 相關基礎理論、TensorFlow 2.0 API、專案工程結構設計和專案實作程式碼。

▶ 3.1 CNN 相關基礎理論

開始設計程式前，首先介紹 CNN 的相關基礎理論知識，以便更有效地理解實作程式時，其中的網路結構設計和資料處理。

3.1.1 卷積神經網路概述

CNN（Convolutional Neural Network，卷積神經網路）是 DNN（深度神經網路）中一個非常重要，並且應用廣泛的分支。CNN 自從提出後，便在影像處理領域得到大量的應用。在工業實作中，CNN 出現各種分支和應用，從簡單的圖形識別、圖像分割到產生圖像，一直是業界研究的重點。

3.1.2 卷積神經網路結構

按照層級，卷積神經網路可以分為 5 層：資料登錄層、卷積層、啟動層、池化層和全連接層。

1 資料登錄層

資料登錄層主要是對原始圖形資料進行預處理，方式如下。

- 去均值：將輸入資料各個維度都中心化為 0，其目的是把樣本資料的中心拉回座標系原點。

- 正規化：處理資料後，將其限定在一定的範圍內，這樣便可減少各維度資料因取值範圍差異帶來的干擾。例如有兩個維度的特徵資料 A 和 B，A 的取值範圍是（0,10），B 的取值範圍是（0,10000），因此會發現在 B 的面前，可以忽略 A 的取值變化，導致 A 的特徵被雜訊淹沒。為了防止出現這種情況，必須對資料進行正規化處理，亦即將 A 和 B 的資料都限定為（0,1）範圍內。

- PCA：透過提取主成分的方式，避免資料特徵稀疏化。

2 卷積層

卷積層藉由卷積計算，對樣本資料進行降維採樣，以取得具有空間關係特徵的資料。

3 啟動層

啟動層對資料進行非線性變換處理，目的是對資料維度進行扭曲，以獲得更多連續的機率密度空間。在 CNN 中，啟動層一般是採用 ReLU 啟動函數，它具有收斂快速、求梯度簡單等特點。

4 池化層

池化層處於連續的卷積層中間，用來壓縮資料的維度以減少過度擬合。池化層使得 CNN 具有局部平移不變性，當需要處理那些只關注某個特徵是否出現，而非其出現的具體位置的任務時，局部平移不變性相當於為神經網路模型增加一個無限強大的先驗輸入，如此便可大幅提高網路統計效率。當採用最大池化策略時，可利用最大值代替一個區域的像素特徵，相當於忽略這個區域的其他像素值，大幅降低資料的採樣維度。

5 全連接層

和一般的 DNN 相同，全連接層在所有的神經網路層級之間都有連接的權重，最終連接到輸出層。進行模型訓練時，神經網路會自動調整層級之間的權重，以達到擬合資料的目的。

3.1.3 卷積神經網路三大核心概念

1 稀疏互動

所謂的稀疏互動是指在深度神經網路中，處於深層級的單元，可能與絕大部分輸入間接互動。為了説明，可以想像一個金字塔模型，塔頂尖的點與塔底層的點，就是一種間接互動的關係。如果特徵資訊是按照金字塔模型的走向，從底層向上逐步傳播，便可發現，對於處在金字塔頂尖的點，它的視野能夠包含所有底層輸入的資訊。因為 CNN 具有稀疏互動性，於是可以透過非常小的卷積核，以提取巨大維度圖形資料中有意義的特徵資訊。因此，稀疏互動性使得 CNN 輸出神經元之間的連接數呈指數級下降，如此神經網路計算的時間複雜度也會呈指數級下降，進而提高神經網路模型的訓練速度。

2 參數共用

參數共用是指在一個模型的多個函數中使用相同的參數，應用於卷積計算時，參數共用允許神經網路模型只需要學習一個參數集合，而非針對每一個位置學習單獨的參數集合。參數共用可以顯著降低需要儲存的參數數量，進而提高神經網路的統計效率。

3 等變表示

等變表示是指當一個函數的輸入改變時，如果其輸出也以同樣的方式變化，那麼該函數就具備等變表示性。此特性的存在説明卷積函數的等變性，經過卷積計算之後，便可等變地取得資料的特徵資訊。

▶ 3.2 TensorFlow 2.0 API 詳解

在基於 TensorFlow 2.0 的實作中，主要是透過呼叫其 API 完成程式設計，本節將詳細講解本案例使用的 API。

3.2.1 tf.keras.Sequential

Sequential 是一個類別，協助開發者輕易地以堆疊神經網路層的方式，整合與建構一個複雜的神經網路模型。Sequential 提供豐富的方法，這些方法可以快速地實作神經網路模型的網路層級整合、神經網路模型編譯、神經網路模型訓練和儲存，以及神經網路模型載入和預測。

1 神經網路模型的網路層級整合

Sequential().add() 方法用來實現神經網路層級的整合，建議根據實際需求，加入 tf.keras.layers 中的各類神經網路層級。範例程式碼如下：

```
1.    import tensorflow as tf
2.    model = tf.keras.Sequential()
3.    # 使用 add 方法整合神經網路層級
4.    model.add(tf.keras.layers.Dense(256, activation="relu"))
5.    model.add(tf.keras.layers.Dense(128, activation="relu"))
6.    model.add(tf.keras.layers.Dense(2, activation="softmax"))
```

上述程式碼完成三個全連接神經網路層級的整合，以建構一個全連接神經網路模型。

2 神經網路模型編譯

完成神經網路層級的整合之後，下一步是編譯神經網路模型，編譯後才能訓練該模型。對神經網路模型進行編譯，意思是將高階 API 轉換成能夠直接執行的低階 API，可以想像成高階程式語言的編譯。Sequential().compile() 提供神經網路模型的編譯功能，範例程式碼如下：

```
model.compile(loss="sparse_categorical_crossentropy",optimizer=
tf.keras.optimizers.Adam(0.01),metrics=["accuracy"])
```

compile 方法需要定義三個參數，分別是 loss、optimizer 和 metrics。loss 參數用來配置模型的損失函數，可透過名稱呼叫 tf.losses API 中已經定義好的 loss 函數；optimizer 參數用來配置模型的優化器，一般是呼叫 tf.keras.optimizers API 設定模型所需的優化器；metrics 參數用來配置模型評價的方法，如 accuracy、mse 等。

3 神經網路模型訓練和儲存

編譯神經網路模型後，便可使用準備好的資料對模型進行訓練，Sequential().fit() 方法提供神經網路模型的訓練功能。Sequential().fit() 有很多整合的參數需要設定，主要的參數如下。

- x：設定訓練的輸入資料，可以是 array 或 tensor 類型。
- y：設定訓練的標註資料，可以是 array 或者 tensor 類型。
- batch_size：設定批量大小，預設值是 32。
- epochs：設定訓練的 epochs 數量。
- verbose：設定訓練過程訊息輸出的級別，共有三個級別，分別是 0、1、2。0 代表不輸出任何訓練過程訊息；1 表示以進度條的方式輸出；2 代表每個 epoch 輸出一筆訓練過程訊息。

- validation_split：設定驗證資料集佔用訓練資料集的比例，取值範圍為 0 ～ 1。
- validation_data：設定驗證資料集。如果已經配置 validation_split 參數，則可忽略本參數。如果同時指定 validation_split 和 validation_data 參數，那麼 validation_split 參數的設定將失效。
- shuffle：設定是否隨機打亂訓練資料。當配置 steps_per_epoch 為 None 時，本參數的設定便失效。
- initial_epoch：設定進行 fine-tune 時，新的訓練週期是從指定的 epoch 繼續訓練。
- steps_per_epoch：設定每個 epoch 訓練的步數。

接著利用 save() 或者 save_weights() 方法，儲存與匯出訓練的模型。使用這兩個方法時，需要分別設定下列參數。

save() 方法的參數配置	save_weights() 方法的參數配置
• filepath：模型檔儲存的路徑。	• filepath：模型檔儲存的路徑。
• overwrite：是否覆蓋重名的 HDF5 檔。	• overwrite：是否覆蓋重名的模型檔。
• include_optimizer：是否儲存優化器的參數。	• save_format：儲存檔案的格式。

4 神經網路模型載入和預測

預測模型時，可以使用 tf.keras.models 的 load_model() 方法，重新載入已經儲存的模型檔。完成載入之後，便可利用 predict() 方法對資料進行預存輸出。操作這兩個方法時，需要分別設定下列參數。

load_model() 方法的參數配置	predict() 方法的參數配置
• filepath：載入模型檔的路徑。	• x：待預測的資料集，可以是 Array 或者 Tensor。
• custom_objects：神經網路模型自訂的物件。如果設定了神經網路層級，則需要進行配置，否則載入時會出現無法找到自訂物件的錯誤。	• batch_size：預測時的批量大小，預設值是 32。
• compile：載入模型檔之後是否需要重新編譯。	

3.2.2 tf.keras.layers.Conv2D

Conv2D 用來建立一個卷積核，以對輸入資料進行卷積計算，然後輸出結果，其建立的卷積核可以處理二維資料。依此類推，Conv1D 能夠處理一維資料，Conv3D 則用來處理三維資料。整合神經網路層級時，如果以該層作為第一個層級，則得指定 input_shape 參數。使用 Conv2D 時，需要設定的主要參數如下。

- input_shape：設定輸入資料的維度，如（32, 32, 3）。
- filters：設定輸出資料的維度，資料類型是整數。
- kernel_size：設定卷積核的大小。這裡使用二維卷積核，因此需要配置卷積核的長和寬。數值是包含兩個整數元素值的清單或元組。
- strides：設定卷積核在做卷積計算時移動步幅的大小，分為 X、Y 兩個方向。數值是包含兩個整數元素值的清單或元組，當 X、Y 兩個方向的步幅大小一樣時，只需設定一個步幅即可。
- padding：設定圖形邊界資料處理策略。SAME 表示補零，VALID 表示不補零。在進行卷積計算或者池化時，都會遇到圖形邊界資料處理的問題，當邊界像素無法正好被卷積或池化的步幅整除時，只能在邊界外補零湊成一個步幅長度，或者直接捨棄邊界的像素特徵。

* data_format：設定輸入圖形資料的格式，預設格式是 channels_last，也可根據需求改成 channels_first。圖形資料的格式有 channels_last (batch, height, width, channels) 和 channels_first(batch, channels, height, width) 兩種。

* dilation_rate：設定使用擴張卷積時每次的擴張率。

* activation：設定啟動函數，如果不配置便不使用任何啟動函數。

* use_bias：設定該層的神經網路是否使用偏置向量。

* kernel_initializer：設定卷積核的初始化。

* bias_initializer：設定偏置向量的初始化。

3.2.3 tf.keras.layers.MaxPool2D

MaxPool2D 的作用是對卷積層輸出的空間資料進行池化，採用的策略是最大值池化。使用 MaxPool2D 時，需要設定的參數如下。

* pool_size：設定池化視窗的維度，包括長和寬。數值是包含兩個整數元素值的清單或元組。

* strides：設定卷積核在做池化時移動步幅的大小，分為 X、Y 兩個方向。數值是包含兩個整數元素值的清單或元組，預設與 pool_size 相同。

* padding：設定處理圖形資料池化時，在邊界補零的策略。SAME 表示補零，VALID 表示不補零。進行卷積計算或者池化時，都會遇到圖形邊界資料的問題，當邊界像素無法正好被卷積或者池化的步幅整

除時，只能在邊界外補零湊成一個步幅長度，或者直接捨棄邊界的像素特徵。

- data_format：設定輸入圖形資料的格式，預設格式是 channels_last，也可根據需求改成 channels_first。處理圖形資料時，其格式分為 channels_last(batch, height, width, channels) 和 channels_first(batch, channels, height, width) 兩種。

3.2.4 tf.keras.layers.Flatten 與 tf.keras.layer.Dense

- Flatten 將輸入該層級的資料壓平，不管輸入資料的維度數是多少，都會被壓平成一維。這個層級的參數配置很簡單，只需設定 data_format 即可。data_format 可以是 channels_last 或 channels_first，預設值是 channels_last。
- Dense 提供全連接的標準神經網路。

3.2.5 tf.keras.layers.Dropout

Dropout 在神經網路模型的具體作用，業界分為兩派，其中一派認為 Dropout 大幅簡化了訓練時神經網路的複雜度，加快神經網路的訓練速度；另一派認為 Dropout 的主要作用是防止神經網路的過度擬合，提高神經網路的泛化性。簡單來說，Dropout 的運作機制就是每步訓練時，按照一定的機率隨機使神經網路的神經元失效，如此便可大量降低連接的複雜度。同時，由於每次訓練都是由不同的神經元協同工作，這樣的機制也能適當地避免資料帶來的過度擬合，提高神經網路的泛化性。使用 Dropout 時，需要設定的參數如下。

- rate：設定神經元失效的機率。
- noise_shape：設定 Dropout 神經元的標記。
- seed：產生亂數。

3.2.6 tf.keras.optimizers.Adam

Adam 是一種代替傳統隨機梯度下降法的梯度最佳化演算法，它是由 OpenAI 的 Diederik Kingma 和多倫多大學的 Jimmy Ba，在 2015 年發表的 ICLR 論文（*Adam: A Method for Stochastic Optimization*）中提出。Adam 具有計算效率高、記憶體佔用少等優勢，自提出以來得到廣泛的應用。Adam 和傳統的梯度下降演算法不同，它可以根據訓練資料的迭代情況更新神經網路的權重，並透過計算梯度的一階矩估計和二階矩估計，為不同的參數設定獨立的自我調整學習率。Adam 適合解決神經網路訓練中的高雜訊和稀疏梯度問題，它的超參數簡單、直觀，並且只要求少量的參數就能達到理想的效果。官方推薦的最佳參數組合為（alpha=0.001, beta_1=0.9, beta_2=0.999, epsilon=$10E^{-8}$），使用時可以設定下列參數。

- learning_rate：設定學習率，預設值是 0.001。
- beta_1：設定一階矩估計的指數衰減率，預設值是 0.9。
- beta_2：設定二階矩估計的指數衰減率，預設值是 0.999。
- epsilon：本參數是一個非常小的數值，主要是防止出現除以零的情況。
- amsgrad：是否使用 AMSGrad。
- name：設定優化器的名稱。

▶ 3.3 專案工程結構設計

如圖 3-1 所示，整個專案工程結構分為兩部分：資料夾和程式檔。實作程式時，強烈建議以資料夾和程式檔的方式設計專案結構。所謂資料夾和程式檔的方式，是指把所有的 Python 程式檔放在根目錄下，其他如靜態檔、訓練資料檔案和模型檔等，都置於資料夾中。

圖 3-1　專案工程結構

從 Python 程式檔的名稱得知，本專案分為四個部分：應用程式、CNN 模型、執行器和組態工具。組態工具提供透過設定檔的調整，以配置神經網路超參數的功能；CNN 模型是針對本專案的需求而設計的卷積神經網路；執行器定義了訓練資料讀取、訓練模型儲存、模型預測等一系列方法；應用程式則是一個基於 Flask 的簡單 Web 應用程式，用於人機互動。

在資料夾中，model_dir 存放訓練結果模型檔，也是在預測時載入模型檔的路徑；predict_img 儲存上傳的圖形，透過呼叫預測程式進行預測；train_data 存放訓練資料，包含測試資料；static 和 templates 儲存 Web 應用程式所需的 HTML、JS 等靜態檔。

▶ 3.4 專案實作程式碼詳解

本章的專案實作程式碼將開源至 GitHub，本節主要針對原始碼進行詳細說明，並講解相關的程式設計重點。專案實作程式碼包括工具類別、cnnModel、執行器、Web 應用程式實作等程式碼。

3.4.1 工具類別實作

在實際的專案實作中，往往得頻繁地調整參數，因此先定義一個工具類別讀取設定檔的參數，這樣當需要時，只需針對設定檔的參數進行調整即可。

```
1.   # 匯入 configparser 套件，它是 Python 用來讀取設定檔的套件，設定檔的格式
     可以是：[]（表示其中包含的 section）
2.   import configparser
3.   # 定義讀取設定檔函數，分別讀取 section 的配置參數，section 包括 ints、
     floats、strings
4.   def get_config(config_file='config.ini'):
5.       parser=configparser.ConfigParser()
6.       parser.read(config_file)
7.       # 取得整數參數，按照 key-value 的形式儲存
8.       _conf_ints = [(key, int(value)) for key, value in parser.items
     ('ints')]
9.       # 取得浮點數參數，按照 key-value 的形式儲存
10.      _conf_floats = [(key, float(value)) for key, value in parser.
     items ('floats')]
11.      # 取得字串型參數，按照 key-value 的形式儲存
```

```
12.     _conf_strings = [(key, str(value)) for key, value in parser.
    items ('strings')]
13.     # 返回一個字典物件，包含讀取的參數
14.     return dict(_conf_ints + _conf_floats + _conf_strings)
```

對應本章的專案，神經網路超參數的設定檔如下：

```
1.  [strings]
2.  #Mode: train, test, serve 設定執行器的工作模式
3.  mode = train
4.  # 設定模型檔的儲存路徑
5.  working_directory = model
6.  # 設定訓練檔的路徑
7.  dataset_path=train_data/
8.
9.  [ints]
10. # 設定分類圖形的種類數量
11. num_dataset_classes=10
12. # 設定訓練資料的總大小
13. dataset_size=50000
14. # 設定圖形輸入的尺寸
15. im_dim=32
16. num_channels = 3
17. # 設定訓練檔的數量
18. num_files=5
19. # 設定每個訓練檔的圖形數量
20. images_per_file=10000
21. # 設定批量訓練資料的大小
22. batch_size=32
23.
```

```
24.    [floats]
25.    # 設定 Dropout 神經元失效的機率
26.    rate=0.5
```

3.4.2 cnnModel 實作

cnnModel 的實作採用 tf.keras 這個高階 API 類別，以定義四層卷積神經
網路，輸出維度分別是 32、64、128 和 256。最後在輸出層定義四層全
連接神經網路，輸出維度分別是 256、128、64 和 10。定義卷積神經網
路的過程中，主要是按照一個卷積神經網路標準的結構，使用最大池化
（maxpooling）策略進行降維特徵提取，並以 Dropout 防止過度擬合。

```
1.    # 匯入所需的依賴套件，這裡使用了 tensorflow、numpy，以及自訂配置抓取
       套件 getConfig
2.
3.    import tensorflow as tf
4.    import numpy as np
5.    import getConfig
6.
7.    # 初始化一個字典，用來存放讀取設定檔函數返回的參數
8.    gConfig={}
9.    gConfig=getConfig.get_config(config_file='config.ini')
10.   # 定義 cnnModel 類別，object 類型，這樣執行器便可直接產生一個 CNN 實體，
       以進行訓練
11.   class cnnModel(object):
12.       def __init__(self  ,rate):
13.           # 定義 Droupt 神經元失效的機率
14.           self.rate=rate
```

15.　　　# 定義一個網路模型，這是使用 tf.keras.Sequential 定義網路模型的
標準形式

16.　　　def createModel(self):

17.　　　　# 產生一個 Sequnential 實體，接下來就可以使用 add 方法疊加所需
的網路層

18.　　　　model=tf.keras.Sequential()

19.　　　　# 增加一個二維卷積層，輸出資料維度為 32，卷積核維度為 3×3。
輸入資料維度為 [32,32,3]，這裡的維度是 WHC 格式，意思是輸入圖形像素為
32×32 的尺寸，3 通道也就是 RGB 的像素值。同樣的，如果圖形是 64×64 尺寸，
則可設定輸入資料維度為 [64,64,3]。如果圖形尺寸不統一，則參考第 1 章的
PIL 部分處理

20.　　　　model.add(tf.keras.layers.Conv2D(32,(3,3), kernel_
initializer='he_normal', strides=1, padding='same',
activation='relu', input_shape=[32,32,3], name="conv1"))

21.　　　　# 增加一個二維池化層，使用最大值池化，池化維度為 2×2。也就是
說，在一個 2×2 的區域內取一個像素最大值，以作為該區域的像素特徵

22.　　　　model.add(tf.keras.layers.MaxPool2D((2,2), strides=1,
padding='same', name="pool1"))

23.　　　　# 增加一個批量池化層 BacthNormalization

24.　　　　model.add(tf.keras.layers.BacthNormalization())

25.　　　　# 增加第二個卷積層，輸出資料維度為 64，卷積核維度是 2×2

26.　　　　model.add(tf.keras.layers.Conv2D(64,(3,3), kernel_
initializer='he_normal', strides=1, padding='same',
activation='relu', name="conv2"))

27.　　　　# 增加第二個二維池化層，使用最大值池化，池化維度為 2×2

28.　　　　model.add(tf.keras.layers.MaxPool2D((2,2), strides=1,
padding='same', name="pool2"))

29.　　　　　# 增加一個批量池化層 BacthNormalization

30.　　　　　model.add(tf.keras.layers.BacthNormalization())

31.　　　　　　# 增加第三個卷積層，輸出資料維度為 128，卷積核維度是 2×2

32.　　　　　　model.add(tf.keras.layers.Conv2D(128,(3,3), kernel_initializer='he_normal', strides=1, padding='same', activation='relu', name="conv3"))

33.　　　　　　# 增加第三個二維池化層，使用最大值池化，池化維度為 2×2

34.　　　　　　model.add(tf.keras.layers.MaxPool2D((2,2), strides=1, padding='same', name="pool3"))

35.　　　　　　# 增加一個批量池化層 BacthNormalization

36.　　　　　　model.add(tf.keras.layers.BacthNormalization())

37.

38.　　　　　　# 經過卷積和池化完成特徵提取之後，緊接著就是一個全連接的深度神經網路。在將資料登錄深度神經網路之前，主要是進行資料的 Flatten 操作，就是將之前長、寬像素值三個維度的資料，壓平成一個維度，這樣便可減少參數的數量。因此，在卷積層和全連接神經網路之間，增加一個 Flatten 層

39.　　　　　　model.add(tf.keras.layers.Flatten(name="flatten"))

40.　　　　　　# 增加一個 Dropout 層，防止過度擬合，加快訓練速度

41.　　　　　　model.add(tf.keras.layers.Dropout(rate=self.rate, name="d3"))

42.　　　　　　# 最後一層作為輸出層，因為是進行圖形的 10 分類，所以輸出資料維度是 10，然後以 softmax 作為啟動函數。softmax 是一個應用於多分類問題的啟動函數，如果是二分類問題，則 sotfmax 和 sigmod 的作用類似

43.　　　　　　model.add(tf.keras.layers.Dense(10, activation='softmax'))

44.

45.　　　　　　# 完成神經網路的設計後，接著是編譯網路模型，以產生可以訓練的模型。編譯前，必須定義損失函數（loss）、優化器（optimizer）、模型評價標準（metrics），這些都可以直接呼叫高階 API

46.　　　　　　model.compile(loss="categorical_crossentropy", optimizer= tf.keras.optimizers.Adam(), metrics=["accuracy"])

```
47.
48.          return model
```

3.4.3 執行器實作

執行器的主要作用是讀取訓練資料、產生神經網路模型實體、循環訓練
神經網路模型、儲存神經網路模型，以及呼叫模型完成預測。實作執行
器時，需要定義以下函數：read_data 函數讀取訓練集資料；create_model
函數產生神經網路的實體；train 函數進行神經網路模型的循環訓練和儲
存；predict 函數進行模型載入和結果預測。

```
1.    # 匯入所需的依賴套件
2.    import tensorflow as tf
3.    import numpy as np
4.    from cnnModel import cnnModel
5.    import os
6.    import pickle
7.    import time
8.    import getConfig
9.    import sys
10.   #random 是一個產生亂數的套件，可以根據需求產生對應的亂數
11.   import random
12.   gConfig = {}
13.   # 呼叫 get_config 讀取設定檔的參數
14.   gConfig=getConfig.get_config(config_file="config.ini")
15.   # 定義資料讀取函數，本函數完成資料讀取、格式轉換操作
16.   def read_data(dataset_path, im_dim, num_channels,num_files,
      images_per_file):    # 取得資料夾中的資料檔名
17.          files_names = os.listdir(dataset_path)
```

```
18.            # 取得訓練集中訓練檔的名稱
19.            """
20.            CIFAR-10 已經為我們標註和準備好資料，如果一時找不到合適、高品
       質的標註訓練集，建議使用 CIFAR-10 作為訓練集
21.            訓練集一共有 50,000 個訓練樣本，置於 5 個二進位檔案，每個樣本有
       3072 個像素點，維度是 32×32×3
22.            """
23.            # 建立空的多維陣列，以存放圖形二進位資料
24.            dataset_array = np.zeros(shape=(num_files * images_per_
       file, im_dim, im_dim, num_channels))
25.            # 建立空的陣列，以存放圖形的標註資訊
26.            dataset_labels = np.zeros(shape=(num_files * images_per_
       file), dtype=np.uint8)
27.            index = 0
28.            # 從訓練集讀取二進位資料，並將其維度轉換成 32×32×3
29.            for file_name in files_names:
30.
31.                if file_name[0:len(file_name)-1] == "data_batch_":
32.                    print(" 正在處理資料 : ", file_name)
33.                    data_dict = unpickle_patch(dataset_path + file_name)
34.                    images_data = data_dict[b"data"]
35.                    print(images_data.shape)
36.                    # 將格式轉換為 32×32×3 形狀
37.                    images_data_reshaped = np.reshape(images_data,
38.     newshape= (len(images_data), im_dim, im_dim, num_channels))
39.                    # 將轉換維度後的圖形資料存入指定陣列
40.                    dataset_array[index * images_per_file:(index + 1)
       * images_per_file, :, :, :] = images_data_reshaped
41.                    # 將轉換維度後的標註資料存入指定陣列
```

```
42.                    dataset_labels[index * images_per_file: (index +
     1) * images_per_file] = data_dict[b"labels"]
43.                    index = index + 1
44.          return dataset_array, dataset_labels  # 返回資料
```

45. # 定義 pickle 檔案格式的資料讀取函數，pickle 是一個二進位檔案，需要讀取
    其中的資料，並將資料置於字典中

```
46. def unpickle_patch(file):
47.     # 開啟檔案，讀取二進位檔案，返回讀取的資料
48.     patch_bin_file = open(file, 'rb')
49.     patch_dict = pickle.load(patch_bin_file, encoding='bytes')
50.     return patch_dict
51.
```

52. # 定義產生模型實體的函數，主要判斷是否有預訓練模型，如果有則優先載入預訓
    練模型；判斷是否有已經儲存的訓練檔，如果有則載入該檔繼續訓練，否則便產生
    神經網路模型的實體，以進行訓練。

```
53. def create_model():
54.     # 判斷是否存在預訓練模型
55.     if 'pretrained_model'in gConfig:
56.         model=tf.keras.models.load_model(gConfig['pretrained_model'])
57.         return model
58.     ckpt=tf.io.gfile.listdir(gConfig['working_directory'])
59.
60.
61.     # 判斷是否存在模型檔，如果存在則載入該模型檔繼續訓練；如果不存在則
     新建模型相關檔案
62.     if ckpt:
63.         model_file=os.path.join(gConfig['working_directory'],
     ckpt[-1])
64.         print("Reading model parameters from %s" % model_file)
```

```
65.          model=tf.keras.models.load_model(model_file)
66.          return model
67.      else:
68.          model=cnnModel(gConfig['learning_rate'] ,gConfig['rate'])
69.          model=model.createModel()
70.          return model
71.
72.  # 讀取訓練集的資料，根據 read_data 函數的參數定義，需要傳入 dataset_
     path、im_dim、num_channels、num_files、images_per_file
73.  dataset_array, dataset_labels = read_data(dataset_path=gConfig
     ['dataset_path'], im_dim=gConfig['im_dim'],
74.    num_channels=gConfig['num_channels'],num_files=gConfig ['num_
     files'],images_per_file=gConfig['images_per_file'])
75.  # 對訓練輸入資料進行正規化處理，取值範圍為 (0,1)
76.  dataset_array= dataset_array.astype('float32')/255
77.  # 對標註資料進行 one-hot 編碼
78.  dataset_labels=tf.keras.utils.to_categorical(dataset_labels,10)
79.  # 定義訓練函數
80.  def train():
81.      # 產生一個神經網路模型的實體
82.      model=create_model()
83.      # 開始訓練模型
84.      history=model.fit(dataset_array,dataset_labels,verbose=1,
     epochs=100,validation_split=0.2)
85.
86.      # 儲存已完成訓練的模型
87.      filename='cnn_model.h5'
88.      checkpoint_path = os.path.join(gConfig['working_directory'],
     filename)
```

```
89.        model.save(checkpoint_path)
90.    # 定義預測函數，載入保存的模型檔進行預測
91.    def predict(data):
92.        # 取得最新的模型檔路徑
93.        ckpt=os.listdir(gConfig['working_directory'])
94.        checkpoint_path = os.path.join(gConfig['working_directory'],
       'cnn_model.h5' )
95.        # 載入模型檔
96.        model=tf.keras.models.load_model(checkpoint_path)
97.         # 預測資料
98.        predicton=model.predict(data)
99.     # 使用 argmax 取得預測結果
100.    index=tf.math.argmax(predicton[0]).numpy()
101.    # 返回預測的分類名稱
102.    return label_names_dict[index]
103. # 定義啟動函數入口
104. if __name__=='__main__':
105.    gConfig = getConfig.get_config()
106.    if gConfig['mode']=='train':
107.        train()
108.    elif gConfig['mode']=='server':
109.        print(' 請使用 :python3 app.py')
```

3.4.4 Web 應用程式實作

Web 應用程式的主要功能包括完成頁面互動、圖片格式判斷、圖片上傳，以及展示返回的預測結果。這裡使用 Flask 羽量級的 Web 應用框架，進而實作簡單的頁面互動和預測結果展示功能。

```
1.    import flask
2.    import werkzeug
3.    import os
4.    import execute
5.    import getConfig
6.    import requests
7.    import pickle
8.    from flask import request,jsonify
9.    import numpy as np
10.   from PIL import Image
11.   gConfig = {}
12.   gConfig = getConfig.get_config(config_file='config.ini')
13.
14.   # 產生一個 Flask 應用實體，命名為 imgClassifierWeb
15.   app = flask.Flask("imgClassifierWeb")
16.   # 定義預測函數
17.   def CNN_predict():
18.       # 取得存放圖片分類名稱的檔案
19.       file = gConfig['dataset_path'] + "batches.meta"
20.       # 讀取圖片分類名稱，並存放到字典中
21.       patch_bin_file = open(file, 'rb')
22.       label_names_dict = pickle.load(patch_bin_file)["label_names"]
23.       # 全域宣告一個檔名
24.       global secure_filename
25.       # 從本地目錄讀取待分類的圖片
26.       img = Image.open(os.path.join(app.root_path, secure_filename))
27.       # 將讀取的像素格式轉換為 RGB，並分別取得 RGB 通道對應的像素資料
28.       r,g,b=img.split()
29.       # 將像素資料置於陣列中
```

```
30.        r_arr=np.array(r)
31.        g_arr=np.array(g)
32.        b_arr=np.array(b)
33.        # 拼接三個陣列
34.        img=np.concatenate((r_arr,g_arr,b_arr))
35.        # 對拼接後的資料進行維度變換和正規化處理
36.        image=img.reshape([1,32,32,3])/255
37.
38.        # 呼叫執行器 execute 的 predict 函數，開始預測圖形資料
39.        predicted_class=execute.predict(image)
40.
41.        # 渲染包含返回結果的頁面範本
42.        return flask.render_template(template_name_or_list=
       "prediction_result.html", predicted_class=predicted_class)
44.  app.add_url_rule(rule="/predict/", endpoint="predict", view_func=
     CNN_predict)
45.
46.  def upload_image():
47.      global secure_filename
48.      if flask.request.method == "POST":    # 設定 request 的模式為 POST
49.          # 取得待分類的圖片
50.          img_file = flask.request.files["image_file"]
51.          # 產生一個沒有亂碼的檔名
52.          secure_filename = werkzeug.secure_filename(img_file.filename)
53.          # 取得圖片的路徑
54.          img_path = os.path.join(app.root_path, secure_filename)
55.          # 將圖片存放到程式的根目錄下
56.          img_file.save(img_path)
57.          print(" 圖片上傳成功！ ")
```

```
58.              return flask.redirect(flask.url_for(endpoint="predict"))
59.        return " 圖片上傳失敗！"
60.
61.    # 增加圖片上傳的入口
62.    app.add_url_rule(rule="/upload/", endpoint="upload", view_func=
       upload_image, methods=["POST"])
63.
64.    def redirect_upload():
65.        return flask.render_template(template_name_or_list= "upload_
       image.html")
66.
67.    # 增加預設首頁的入口
68.    app.add_url_rule(rule="/", endpoint="homepage", view_func=
       redirect_upload)
69.    if __name__ == "__main__":
70.        app.run(host="0.0.0.0", port=7777, debug=False)
```

基於 Seq2Seq 的中文聊天機器人程式設計實作

自然語言處理（NLP）領域的語言對話，一直是機器學習的「聖杯」，也是機器學習挑戰圖靈測試的主力。從提出人工智慧的概念開始，語言對話任務一直是業界研究的重點。本章透過 NLP 基礎理論知識、Seq2Seq 模型介紹中文聊天機器人的原理，並使用 TensorFlow 2.0 的高階 API 完成程式設計。

▶ 4.1 NLP 基礎理論知識

自然語言處理（NLP）是人工智慧應用比較成熟的領域，本節將透過語言模型、循環神經網路（RNN）和 Seq2Seq 模型，以介紹 NLP 基礎理論知識。

4.1.1 語言模型

語言模型其實是一個評分模型，針對一句話進行評分，進而判斷這句話是否符合人類的自然語言習慣。語言模型的發展歷史久遠，經歷過統計語言模型、n-gram 語言模型和神經網路語言模型三個階段。

1 統計語言模型

統計語言模型是統計每個詞出現的頻次，以形成詞頻字典，然後根據輸入計算下一個輸出詞的機率，最後形成輸出語句。統計語言模型輸出語句的機率，乃是依據貝氏公式進行鏈式分解計算而來，計算公式如下：

$$p(w_1, w_2, w_3, \cdots, w_n) = p(w_1)p(w_2|w_1)p(w_3|w_1w_2) \cdots p(w_n|w_1w_2w_3 \cdots w_n)$$

這樣的計算求解方法雖然直觀、明瞭，但存在致命的缺陷。細想一下就會發現，如果字典有 1000 個詞，當處理一個句子長度為 3 的語句時，則需要計算輸出語句機率 P 的數量是 1000^3；當句子長度為 10 時，計算輸出語句機率 P 的數量則是 1000^{10}。計算完輸出語句的機率之後，下一步是選擇 P 值輸出語句，以作為最終的生成語句。上述計算過程在通用算力下，幾乎是不可能完成。

2 n-gram 語言模型

由前文得知，統計語言模型計算輸出語句機率的數量大到無法計算，是由於根據貝氏公式透過鏈式法則展開後全量連乘所引起。那麼，解決此問題的方法只有一個，就是縮短連乘的長度，其理論依據是馬可夫假設。簡單來說，馬可夫假設就是指目前的狀態，只與過去有限時間內的狀態有關。例如在路上看到紅燈會停下來，停下來的狀態只與過去有限時間內紅綠燈是否為紅燈有關，而與上一個顯示燈號，甚至更遠時間內紅綠燈是否為紅燈無關。基於馬可夫假設的語言模型稱為 n-gram，這裡的 n 為馬可夫鏈的長度，表示目前狀態與前 n-1 個時間點的事件有關。

當 n=1 時，表示一個詞出現的機率，與其周圍的詞出現的機率相互獨立，稱為 unigram。在 unigram 中，假設字典大小為 1000，所需計算的輸出語句機率 P 的數量為 1000。依此類推，當 n=2 時，代表一個詞出現的機率，只與其前一個詞出現的機率有關，稱為 bigram。在 bigram 中，假設字典大小為 1000，所需計算的輸出語句機率 P 的數量為 1000×1000。當 n=3 時，表示一個詞出現的機率，只與其前兩個詞出現的機率有關，稱為 trigram。在 trigram 中，假設字典大小為 1000，所需計算的輸出語句機率 P 的數量為 $1000 \times 1000 \times 1000$。一般會選擇 trigram，因為如果 n 過大的話，則同樣會出現統計語言模型遇到的問題。

3 神經網路語言模型

神經網路語言模型是 Begio 等人在 2003 年發表的 *A Neural Probabilistic Language Model* 論文提出的方法，其在 n-gram 語言模型的基礎上進行了改進。神經網路語言模型採用 one-hot（獨熱編碼）表示每個詞的分佈情況，將輸入語句進行編碼轉換後輸入神經網路，經過 tanh 非線性變換和

softmax 正規化後，得到一個總和為 1 的向量。在向量中，最大元素的下標作為輸出詞的字典編碼，透過字典編碼查詢字典得到最終的輸出詞。上述過程一次可以得到一個輸出詞，如果想輸出一句話，就得循環以上的過程，這就是接下來要討論的循環神經網路。

4.1.2 循環神經網路

循環神經網路（Recurrent Neural Network，RNN）是神經網路專家 Jordan、Pineda · Williams、Elman 等人，於 20 世紀 80 年代末提出的一種神經網路結構模型。這種網路的特徵，是在神經元之間既有內部的回饋連接又有前饋連接。目前主流的 NLP 應用都集中在 RNN 領域，因此出現許多 RNN 的變形。

1 RNN 存在的缺陷

RNN 的提出，可說是神經網路語言模型領域一次非常大的突破，但人們在應用的過程中，發現 RNN 存在兩個致命的缺陷：梯度消失和梯度爆炸。一般可以藉由下面的公式推導，進而說明這兩個缺陷產生的原因。現代的神經網路訓練，全部採用梯度下降法驅動神經網路參數的更新，而梯度求解是進行神經網路參數更新的前提。在 RNN 訓練中，梯度是目標函數（Object Function）對神經網路參數矩陣求導而來，公式如下：

$$\frac{\partial J}{\partial W_t} = \frac{\partial J}{\partial h_{t+n}} \frac{\partial h_{t+n}}{\partial h_{t+n-1}} \cdots \frac{\partial h_{t+1}}{\partial h_t} \frac{\partial h_t}{\partial W_t}$$

J 是 RNN 的目標函數，訓練的目的是最小化目標函數的值；W_t 是 RNN 的參數矩陣，代表目前時刻的神經網路參數狀態。求導的過程需要利用鏈式法則展開求導公式,上面的公式就是透過梯度求解公式的鏈式法則進行展開。在 RNN 中,$h_{t+1}=f(h_t)$,$f(h_t)$ 是神經元的啟動函數,假設採用 tanh 雙曲線啟動函數,觀察展開後的公式,便可發現規律:

$$\frac{\partial h_{t+n}}{\partial h_{t+n-1}} \cdots \frac{\partial h_{t+1}}{\partial h_t} = \prod_{i=t}^{t+n-1} \frac{\partial \tanh(a_i)}{\partial a_i} W$$

那麼,最後的梯度求解公式就變成:

$$\frac{\partial J}{\partial W_t} = \frac{\partial J}{\partial h_{t+n}} \frac{\partial h_t}{\partial W_t} \prod_{i=t}^{t+n-1} \frac{\partial \tanh(a_i)}{\partial a_i} W$$

根據連乘特性,上述公式可以進一步變形,如下所示:

$$\frac{\partial J}{\partial W_t} = \frac{\partial J}{\partial h_{t+n}} \frac{\partial h_t}{\partial W_t} \prod_{i=t}^{t+n-1} \frac{\partial \tanh(a_i)}{\partial a_i} \prod_{i=t}^{t+n-1} W$$

由此得知,最後梯度的大小趨勢與 $\prod_{i=t}^{t+n-1} W$ 的值呈正相關,W 是參數矩陣,那麼:

- 當 $|W|<1$ 時,$\prod_{i=t}^{t+n-1} W$ 趨向於 0,導致梯度也趨於 0,由此產生梯度消失的問題。

- 當 $|W|>1$ 時,$\prod_{i=t}^{t+n-1} W$ 趨向於 ∞,導致梯度也趨於 ∞,由此產生梯度爆炸的問題。

這兩個缺陷在神經網路訓練過程中,到底會帶來哪些問題呢?首先看一下反向傳播中參數更新的公式,就能找出一些端倪。參數更新的公式如下:

$$\theta_{t+1} = \theta_t - \eta \Delta \theta_t$$

在上面的公式中，θ_{t+1} 是下一個訓練循環的參數集，θ_t 則是目前訓練循環的參數集，η 是學習率，$\Delta\theta_t$ 是目前循環訓練的梯度。不難發現，當梯度 $\Delta\theta_t$ 趨向於 0 時，$\theta_{t+1} \approx \theta_t$，亦即參數不會更新，導致模型也無法進一步最佳化；當梯度 $\Delta\theta_t$ 趨向於 ∞ 時，$\theta_{t+1} \approx -\infty$，亦即一旦出現梯度爆炸，之前訓練得到的參數就消失了。相較於梯度消失，梯度爆炸帶來的後果更嚴重，但是梯度爆炸的問題卻比較容易處理，可以採用限制梯度最大值或者梯度分割的方式來解決。而梯度消失的問題非常難以解決，目前只能從網路結構上最佳化，但也無法完全避免。RNN 的變形 LSTM，就是為了解決梯度消失的問題所進行的網路結構最佳化。

2 RNN 的變形

為了提高 RNN 的訓練效果，以及解決梯度消失的問題，業界提出 RNN 的變形 LSTM（長短期記憶神經網路）。LSTM 有別於 RNN 的地方，在於它在演算法中加入一個判斷資訊有用與否的「處理器」，這個處理器稱為 cell。

一個 cell 中放置了三個門，分別叫作輸入門、遺忘門和輸出門。

從圖 4-1 可以發現，LSTM 的運算式可以寫成下列公式：

$$h_t, c_t = f(h_{t-1},\ c_{t-1},\ x_t)$$

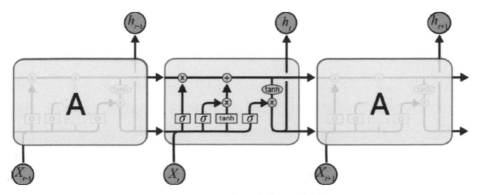

圖 4-1　LSTM 的內部網路連接圖

LSTM 的梯度由兩部分組成：RNN 結構的梯度和線性變換函數的梯度。線性變換函數的梯度就是函數的斜率，是一個常數。由於線性變換函數梯度的存在，常 RNN 的梯度過小趨近於 0 時，LSTM 的梯度則趨向於一個常數。因此，LSTM 透過引入一個梯度常數的方式，避免了梯度消失的問題。

在 LSTM 的演進過程中，為了解決 LSTM 多門結構帶來訓練速度緩慢的問題，人們提出精簡結構 LSTM 的變形 GRU，GRU 是目前應用比較廣泛的一種 RNN 結構。相較於 LSTM 的三門結構，只有兩個門（分別是更新門和重置門）的 GRU，在網路結構上更加簡單，因此訓練速度要比 LSTM 更快。藉由實驗發現，LSTM 和 GRU 在訓練效果上各有所長，有些任務使用 LSTM 的效果更好，有些任務則選擇 GRU 更佳。實際應用時，建議都嘗試這兩種網路結構，最終再根據實際效果進行選擇。

4.1.3 Seq2Seq 模型

Seq2Seq 的全名是 Sequence to Sequence，它是根據 Encoder-Decoder 框架的 RNN 變形。Seq2Seq 引入 Encoder-Decoder 框架，藉以提高神經網路對長文字資訊的提取能力，取得比單純使用 LSTM 更好的效果。目前 Seq2Seq 在各種自然語言處理的任務得到大量的應用，最常見的場合是語言翻譯和語言生成。必須掌握 Seq2Seq 兩個非常重要的概念，其中一個是 Encoder-Decoder 框架；另一個是 Attention 機制。

1 Encoder-Decoder 框架

Encoder-Decoder 是一種多對多文字預測問題的框架，主要是處理輸入、輸出長短不一的情況，內含有效的文字特徵提取、輸出預測的機制。Encoder-Decoder 框架包含兩個部分，分別是 Encoder（編碼器）和 Decoder（解碼器）。

（1）編碼器
編碼器的作用是對輸入的文字資訊進行有效的編碼後，將其作為解碼器的輸入資料。編碼器的目標是對輸入的文字進行特徵提取，儘量準確、有效地表達該文字的特徵資訊。

（2）解碼器
解碼器的作用是從上下文的文字資訊取得盡可能多的特徵，然後輸出預測文字。根據文字提取方式的不同，解碼器一般分為 4 種結構，分別是直譯式解碼、循環式解碼、增強循環式解碼和注意力機制解碼。

● 直譯式解碼：按照編碼器的方式逆向操作，以得到預測文字。

- 循環式解碼：將編碼器輸出的編碼向量作為第一時刻的輸入，然後把得到的輸出作為下一個時刻的輸入，以此進行循環解碼。

- 增強循環式解碼：在循環式解碼的基礎上，每一時刻增加一個編碼器輸出的編碼向量作為輸入。

- 注意力機制解碼：在增強循環式解碼的基礎上增加注意力機制，這樣便可有效地訓練解碼器，好在繁多的輸入中重點關注某些有效特徵資訊，以增加解碼器的特徵提取能力，進而得到更好的解碼效果。

2 Attention 機制

Attention 機制有效地解決輸入長序列資訊時，難以取得真實涵義的問題。在處理長序列的任務中，影響目前時刻狀態的資訊，可能隱藏在前面的時刻；根據馬可夫假設，這些資訊有可能會被忽略。舉例說明，在「我快餓死了，今天做了一整天的苦力，我要大吃一頓」這句話中，我們明白「我要大吃一頓」是因為「我快餓死了」，但是基於馬可夫假設，「今天做了一整天的苦力」和「我要大吃一頓」在時序上離得更近，相較於「我快餓死了」，「今天做了一整天的苦力」對「我要大吃一頓」的影響力更強，可是在真實的自然語言卻不是這樣。從這個例子可以看出，神經網路模型無法很好地準確提取倒裝時序的語言資訊，要解決這個問題，就得經過訓練自動建立起「我要大吃一頓」和「我快餓死了」的關聯，這就是 Attention 機制。

圖 4-2 是取自 *Attention Is All You Need* 的 Attention 結構圖。從該圖得知，c_t 是跨過時序序列，對輸入的自然語言序列提取特徵而得到的資訊，放到上例的語境來描述，在 c_t 中就會包含「我快餓死了」的資訊。Attention 機制是一個非常重要和複雜的機制，BERT 的大熱也讓 Attention 機制受

到空前的熱捧。這裡不詳細討論 Attention 機制的原理細節，只是希望透過上面的例子，能夠讓大家在概念上明白 Attention 機制的作用。

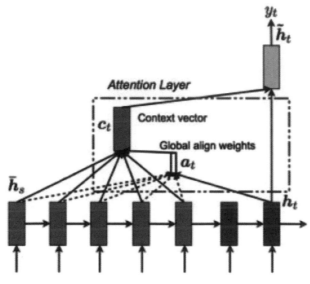

圖 4-2　Attention 結構圖

▶ 4.2 TensorFlow 2.0 API 詳解

在基於 TensorFlow 2.0 的程式設計實作中,一般是透過呼叫其 API 來完成,本節將詳細講解所需的 API。

4.2.1 tf.keras.preprocessing.text.Tokenizer

開始介紹 Tokenizer 之前,先看一下 tf.keras.preprocessing.text 這個 API 程式庫的類別,日後設計程式時有可能會用到。從官方文獻得知,tf.keras.preprocessing.text 程式庫包含的 API 有 hashing_trick、one_hot、text_to_word_sequence,以及本節所需的 Tokenizer。

(1) hashing_trick,對文字或字串進行雜湊計算,並將得到的雜湊值作為儲存該文字或字串的索引。

(2) one_hot,對字串序列進行獨熱編碼。所謂的獨熱編碼就是在整個文字中,根據字元出現的次數進行排序,並以序號作為字元的索引組成詞頻字典。在一個字典長度的全零序列中,將序號對應的元素設為 1 表示序號的編碼。例如「我」的序號是 5,全字典長度為 10,那麼「我」的獨熱編碼為 [0,0,0,0,1,0,0,0,0,0]。

(3) text_to_word_sequence,將文字轉換為一個字元序列。

(4) Tokenizer,一個將文字進行數字符號化的類別,訓練神經網路時輸入的資料是數值,因此需要將文字字元轉換為可進行數學計算的數值。此類別提供 fit_on_sequences、fit_on_texts、get_config、sequences_to_matrix、sequences_to_texts 和 sequences_to_texts_generator 等方法。使用 Tokenizer 時,可以設定下列參數。

- num_words：設定符號化的最大數量。
- filters：設定需過濾的文字符號，例如逗號、中括弧等。
- lower：是否需要將大寫全部轉換為小寫。此配置只針對於英文有效，中文不存在大小寫的問題。
- split：設定進行分割的分隔符號。
- char_level：設定字串的級別。如果為 True，代表每個字元都會作為一個 token。
- oov_token：設定不在字典中字元的替換數字，一般是以「3」這個數字代替在字典中找不到的字元。

4.2.2　tf.keras.preprocessing.sequence.pad_sequences

在處理自然語言的任務中，輸入的語句長短不一，為了處理這類型的資料，就得建構不同輸入維度的計算子圖，而繁多的計算子圖會導致訓練速度和效果大幅下降。因此，訓練前可以填充訓練資料成有限數量的維度類別，這樣就能大幅降低整個網路規模，以提高訓練速度和成效。前述的資料處理過程稱為 Padding。pad_sequences 是具有 Padding 功能的 API，使用 pad_sequences 時，可以設定的參數如下。

- sequences：設定輸入資料集，可以是所有的訓練資料集。
- maxlen：設定 sequences 的最大長度。
- dtype：設定輸出 sequences 的格式。
- padding：設定填充的位置，可以填充到句子之前或之後，對應的參數值分別是 pre 和 post。

- truncating：當句子超過最大長度時是否要截斷，可以設定為從前還是從後截斷句子，對應的參數值分別是 pre 和 post。
- value：設定用來填充的值，可以是 float 或 string。

4.2.3 tf.data.Dataset.from_tensor_slices

from_tensor_slices 是 Dataset 類別的一個方法，其作用是將 Tensor 轉換成 slices 元素的資料集。

4.2.4 tf.keras.layers.Embedding

Embedding 的作用是將正整數轉換成固定長度的連續向量，它和獨熱編碼的功能類似，都是針對資料字元數值進行編碼。不同的是，Embedding 是將一個單純的數值，轉換成一個長度唯一的機率分佈向量；在避免獨熱編碼產生的特徵稀疏性問題的同時，也能增加特徵的描述維度。當利用 Embedding 建構神經網路時，Embedding 層必須作為第一層，以對輸入資料進行 Embedding 處理。使用 Embedding 時，可以設定的參數如下。

- input_dim：設定字典的長度。Embedding 是針對詞頻字典的索引進行處理，因此得配置字典的長度。
- output_dim：設定神經網路層輸出的維度。
- embeddings_initializer：設定 Embedding 矩陣的初始化。
- embeddings_regularizer：設定 Embedding 矩陣的正則化。
- embeddings_constraint：設定 Embedding 的約束函數。
- mask_zero：設定「0」是否為 Padding 的值，若為 True，則去除所有的「0」。
- input_length：設定輸入語句的長度。

4.2.5　tf.keras.layers.GRU

GRU 是一種 RNN 神經元結構，它是 LSTM 的最佳化升級變形。GRU 在 LSTM 的基礎上將三個門合併成兩個門，亦即只有更新門和重置門。更新門用來控制前一時刻的狀態資訊傳入目前狀態的程度，更新門的值越大，代表前一時刻的狀態資訊傳入得越多。重置門控制前一狀態有多少資訊寫入目前的候選集，重置門越小，表示前一狀態的資訊寫入得越少。相較於 LSTM，GRU 具備訓練速度的優勢，但是二者的訓練效果在不同場景則各有所長。使用 GRU 神經網路層級時，可以設定的參數如下。

- units：設定輸出的維度，必須為正整數。
- activation：設定使用的啟動函數。
- Default：設定預設的啟動函數，預設為 tanh。如果配置為 None，則不會使用啟動函數。
- recurrent_activation：設定循環時的啟動函數。
- Default：設定預設的循環啟動函數，預設為 sigmod。如果配置為 None，則不會使用循環啟動函數。
- use_bias：設定網路層是否使用偏置向量。
- kernel_initializer：設定神經網路核的初始化權重矩陣，用於線性變換輸入的資料。
- recurrent_initializer：設定循環網路核的初始化權重矩陣，用於線性變換循環神經元的狀態。
- bias_initializer：設定偏置向量的初始化。
- kernel_regularizer：設定網路核的初始化權重矩陣的正則化函數。
- recurrent_regularizer：設定循環核的初始化權重矩陣的正則化函數。

- bias_regularizer：設定偏置向量的正則化函數。
- activity_regularizer：設定輸出資料的正則化函數。
- kernel_constraint：設定網路核權重矩陣的約束函數。
- recurrent_constraint：設定循環核權重矩陣的約束函數。
- bias_constraint：設定偏置向量的約束函數。
- dropout：設定對輸入進行線性變換，網路層失效神經元的比例。
- recurrent_dropout：設定對循環狀態進行線性變換，網路層失效神經元的比例。
- implementation：設定神經網路的實作模式。其中「模式 1」表示利用更多更小的內積運算，「模式 2」表示分批使用更少更大的內積運算。具體的選擇應根據硬體資源和應用場景而定，一般在資源有限的情況下挑選「模式 1」，資源充足的情況下則選擇「模式 2」。
- return_sequences：設定是否在輸出的句子返回最後的輸出資料。
- return_state：設定是否將訓練的最後狀態加到輸出資料中返回。
- go_backwards：設定是否將句子倒序訓練，預設不開啟該參數。
- unroll：設定是否在計算時將展開循環網路。
- reset_after：設定 GRU 中重置門的位置，是在矩陣乘積前還是乘積後，預設為矩陣乘積後。

4.2.6 tf.keras.layers.Dense

Dense 神經網路層級提供一個全連接的標準神經網路，使用時需要設定下列參數。

- units：設定神經元的數量，也就是輸出的特徵數量。
- activation：設定啟動函數，預設為不使用。

4.2.7　tf.expand_dims

tf.expand_dims 的作用是在輸入的 Tensor 中增加一個維度。例如 t 是一個
維度為 [2] 的 Tensor，那麼 tf.expand_dims(t,0) 的維度就會變成 [1,2]。使
用 Dense 時，可以設定的參數如下。

- input：設定輸入的 Tensor。
- axis：設定需要增加維度的下標。例如 [2,1]，若得在 2 和 1 之間增
  加，則配置值為 1。
- name：設定輸出 Tensor 的名稱。

4.2.8　tf.keras.optimizers.Adam

Adam 是一種梯度最佳化演算法，可以代替傳統的隨機梯度下降演算法。
它是由 OpenAI 的 Diederik Kingma 和多倫多大學的 Jimmy Ba，在 2015
年發表的 ICLR 論文（*Adam: A Method for Stochastic Optimization*）中提
出。Adam 具備計算效率高、記憶體佔用少等優勢，自提出以來便得到廣
泛的應用。

Adam 和傳統的梯度下降演算法不同，它可以根據訓練資料的迭代情況
更新神經網路的權重，並透過計算梯度的一階矩估計和二階矩估計，為
不同的參數設定獨立的自我調整學習率。Adam 適合解決神經網路訓練
的高雜訊和稀疏梯度問題，它的超參數簡單、直觀，並且只需要少量的
調整就能達到理想的效果。官方推薦的最佳參數組合為（alpha=0.001,
beta_1=0.9, beta_2=0.999, epsilon=$10E^{-8}$），使用 Adam 時，可以設定下列
參數。

- learning_rate：設定學習率，預設值是 0.001。
- beta_1：設定一階矩估計的指數衰減率，預設值是 0.9。
- beta_2：設定二階矩估計的指數衰減率，預設值是 0.999。
- epsilon：一個非常小的數值，防止出現除以零的情況。
- amsgrad：設定是否使用 AMSGrad。
- name：設定優化器的名稱。

4.2.9 tf.keras.losses.SparseCategoricalCrossentropy

Crossentropy（交叉熵）是常用的損失函數，用來計算實際輸出機率與期望輸出機率之間的距離。交叉熵分為對數交叉熵和多對數交叉熵，前者用來解決二分類的問題，後者則是解決多分類的問題。

SparseCategoricalCrossentropy 是可以接受稀疏編碼的多對數交叉熵，所謂的接受稀疏編碼，即指期望值可以是整數的分類編碼，如 1、2、3 等。使用 SparseCategoricalCrossentropy 時，可以設定的參數如下。

- y_true：設定期望的真實值。
- y_pred：設定預測的值。

4.2.10 tf.math.logical_not

logical_not 是一個邏輯非運算，返回一個布林型數值，當兩個元素不相同時回傳 True，反之為 False。使用 logical_not 時，可以設定的參數如下。

- x：設定需要運算的 Tensor。
- name：設定運算操作的名稱。

4.2.11　tf.concat

tf.concat 的 作 用 是 將 多 個 Tensor 在 同 一 個 維 度 上 進 行 連 接，例 如 t1=[[1,2,3], [4,5,6]]，t2=[[7,8,9], [11,12,13]]，tf.concat([t1,t2],0) 得 到 的 結 果是 [[1,2,3], [4,5,6], [7,8,9], [11,12,13]]。使用 tf.concat 時，可以設定的參 數如下。

- values：設定進行 Tensor 連接的清單或是一個單獨的 Tensor。
- axis：設定需要連接的維度，例如維度 [4,3] 的第一個維度就是 0。
- name：設定運算操作的名稱。

4.2.12　tf.bitcast

tf.bitcast 允許進行 Tensor 類型轉換，將 Tensor 類型轉換為所需的資料類 型。使用 tf.bitcast 時，可以設定的參數如下。

- input：需 進 行 類 型 轉 換 的 Tensor。Tensor 的 類 型 可 以 為 bfloat16, half, float32, float64, int64, int32, uint8, uint16, uint32, uint64, int8, int16, complex64, complex128, qint8, quint8, qint16, quint16 和 qint32。

- type：設 定 輸 出 的 類 型。可 以 選 擇 的 類 型 包 括 tf.bfloat16, tf.half, tf.float32, tf.float64, tf.int64, tf.int32, tf.uint8, tf.uint16, tf.uint32, tf.uint64, tf.int8, tf.int16, tf.complex64, tf.complex128, tf.qint8, tf.quint8, tf.qint16, tf.quint16 和 tf.qint32。

- name：設定運算操作的名稱。

▶ 4.3 專案工程結構設計

如圖 4-3 所示，整個專案工程結構分為兩部分：資料夾和程式檔。實作程式時，強烈建議採用資料夾和程式檔的方式，以設計專案結構。所謂的資料夾和程式檔的方式，是指把所有的 Python 程式檔放在根目錄下，其他的靜態檔、訓練資料檔和模型檔等都放到資料夾中。

圖 4-3　專案工程結構

從 Python 程式檔名稱得知，本專案分為 5 個部分：組態工具（getConfig. py）、資料前置處理器（data_util.py）、神經網路模型（seq2seqModel. py）、執行器（execute.py）和應用程式（app.py）。組態工具透過設定檔全域配置神經網路的超參數；資料前置處理器提供資料載入功能；神經網路模型實作了 Seq2Seq 神經網路；執行器提供訓練模型儲存、模型預測等功能；應用程式是一個基於 Flask、用於人機互動的簡單 Web 應用程式。

在資料夾中，model_data 存放訓練匯出的模型檔；train_data 存放訓練資料；templates 存放 HTML 渲染範本；static 存放 JS 等靜態檔。

▶ 4.4 專案實作程式碼詳解

本專案的程式碼會開源於 GitHub，本節主要對原始碼進行詳細解說，並講解相關的程式設計知識點。專案實作包括工具類別、data_util、seq2seqModel、執行器、Web 應用程式等程式碼。

4.4.1 工具類別實作

實際設計程式時，往往需要頻繁地調整參數，因此定義一個工具類別讀取設定檔的配置參數。這樣當需要調參時，只需針對設定檔的參數進行調整即可。

```
1.   # 匯入 configparser 套件，它是 Python 用來讀取設定檔的套件，檔案的格式可
     以為：[]（其中包含的 section）
2.   import configparser
3.   # 定義讀取設定檔的函數，分別讀取 section 的組態參數，section 包括 ints、
     floats、strings
4.   def get_config(config_file='config.ini'):
5.       parser=configparser.ConfigParser()
6.       parser.read(config_file)
7.       # 取得整數參數，按照 key-value 的形式儲存
8.       _conf_ints = [(key, int(value)) for key, value in parser.items
     ('ints')]
9.       # 取得浮點數參數，按照 key-value 的形式儲存
10.      _conf_floats = [(key, float(value)) for key, value in parser.
     items ('floats')]
11.      # 取得字元型參數，按照 key-value 的形式儲存
12.      _conf_strings = [(key, str(value)) for key, value in parser.
```

```
       items('strings')]
13.       #返回一個字典物件，包含所有讀取的參數
14.       return dict(_conf_ints + _conf_floats + _conf_strings)
```

本章所需神經網路超參數的設定檔如下：

```
1.    [strings]
2.    #設定執行器的運行模式，包括 train、serve
3.    mode = train
4.
5.    #處理後的中文訓練集
6.    seq_data = train_data/seq.data
7.    train_data=train_data
8.    #訓練集原始檔
9.    resource_data = train_data/dgk_shooter_z.conv
10.
11.   #讀取識別原始檔段落和行頭的標誌
12.   e = E
13.   m = M
14.
15.   model_data = model_data
16.   [ints]
17.   #設定字典的大小，建議的大小為 20000
18.   enc_vocab_size = 20000
19.   dec_vocab_size = 20000
20.   #設定 Embedding 的維度，亦即以多長的向量進行編碼
21.   embedding_dim=128
22.
23.   #設定循環神經網路層級
24.   layer_size = 256
```

```
25.   # 設定讀取訓練資料的最大值，一般當顯示卡或記憶體不足時可以這樣限制
26.   max_train_data_size = 50000
27.   # 設定批量大小
28.   batch_size = 32
```

4.4.2 data_util 實作

data_util 根據原始語料的資料格式特點進行初步處理，例如分開問句和答句、對語料進行分詞等。

```
1.    # coding=utf-8
2.    # 匯入所需的依賴套件
3.    import os
4.    import getConfig
5.    import jieba
6.    #jieba 是中國的一個分詞 Python 程式庫，分詞效果非常不錯。可使用 pip
      install jieba 命令安裝
7.
8.    gConfig = {}
9.
10.   gConfig=getConfig.get_config()
11.   # 設定來源文字的路徑
12.   conv_path = gConfig['resource_data']
13.   # 判斷檔案是否存在
14.   if not os.path.exists(conv_path):
15.
16.       exit()
17.   # 下面這段程式碼需要完成一件事情，就是識別訓練集的資料，並且存入清單中，
      大概分為下列幾個步驟
18.   #a. 開啟檔案
```

```
19.  #b. 讀取其中的內容，並初步處理檔案的資料
20.  #c. 找到想要的資料並儲存
21.  # 知識點：open 函數、for 迴圈結構、資料類型 ( list 操作 )、continue
22.  convs = []   # 用來儲存對話的清單
23.  with open(conv_path,encoding='utf-8') as f:
24.      one_conv = []        # 儲存一次完整的對話
25.      for line in f:
26.          line = line.strip('\n').replace('/', '')   # 去除分行符號，
     並移除原文件中已經分詞的標記，重新利用 jieba 分詞
27.          if line == '':
28.              continue
29.          if line[0] == gConfig['e']:
30.              if one_conv:
31.                  convs.append(one_conv)
32.              one_conv = []
33.          elif line[0] == gConfig['m']:
34.              one_conv.append(line.split(' ')[1])# 儲存一次完整的對話
35.  # 接下來需要對訓練集的對話進行分類，分為問句和答句，或者叫上文、下文，
     主要作為 Encoder 和 Decoder 的訓練資料。一般分為下列幾個步驟
36.
37.  #1. 按照語句的順序分為問句和答句，根據列數的奇偶性來判斷
38.  #2. 儲存語句的時候，對語句使用 jieba 分詞，jieba.cut
39.
40.  # 把對話分成問句和答句兩個部分
41.  seq = []
42.
43.  for conv in convs:
44.      if len(conv) == 1:
45.          continue
46.      # 因為預設是一問一答，所以得粗略裁剪資料，對話列數要為偶數
```

```
47.        if len(conv) % 2 != 0:
48.            conv = conv[:-1]
49.        for i in range(len(conv)):
50.            if i % 2 == 0:
51.                # 使用 jieba 分詞器進行分詞
52.                conv[i]=" ".join(jieba.cut(conv[i]))
53.                conv[i+1]=" ".join(jieba.cut(conv[i+1]))
54.                # 因為 i 從 0 開始，因此偶數列為問句，奇數列為答句
55.                seq.append(conv[i]+'\t'+conv[i+1])
56.    # 新建一個檔案，以便儲存處理好的資料，作為訓練資料
57.    seq_train = open(gConfig['seq_data'],'w')
58.    # 儲存處理好的資料到檔案中
59.    for i in range(len(seq)):
60.        seq_train.write(seq[i]+'\n')
61.        if i % 1000 == 0:
62.            print(len(range(len(seq))), ' 處理進度：', i)
63.    # 儲存修改並關閉檔案
64.    seq_train.close()
```

4.4.3 seq2seqModel 實作

seq2seqModel 是本章程式設計的核心內容，此處按照 Encoder-Decoder 框架建構一個完整的 Seq2Seq 模型。

```
1.    # 匯入所需的依賴套件
2.    import tensorflow as tf
3.    import getConfig
4.
5.    gConfig = {}
6.
```

```python
7.    gConfig=getConfig.get_config(config_file='seq2seq.ini')
8.    # 定義 Encoder 模型，Seq2Seq 的核心框架就是 Encoder-Decoder，首先定義
      Encoder
9.    class Encoder(tf.keras.Model):
10.     # 定義初始化函數
11.     def __init__(self, vocab_size, embedding_dim, enc_units,
      batch_size):
12.       super(Encoder, self).__init__()
13.       self.batch_size = batch_size # 批量大小
14.       self.enc_units = enc_units#encoder # 模型的神經元數量
15.       self.embedding = tf.keras.layers.Embedding(vocab_size,
      embedding_dim)
16.       # 定義 Embedding 層，Embedding 對輸入序列進行向量化，防止特徵稀疏
17.       self.gru = tf.keras.layers.GRU(self.enc_units,return_
      sequences= True,return_state=True,recurrent_initializer='glorot_
      uniform')
18.       # 定義 RNN 結構，採用其變形 GRU 結構
19.     def call(self, x, hidden):
20.       # 定義函數，在這個函數進行輸入、輸出的邏輯變換處理
21.       x = self.embedding(x)
22.       output, state = self.gru(x, initial_state = hidden)
23.       return output, state
24.     # 定義初始化隱藏層狀態的函數，用於初始化隱藏層的神經元
25.     def initialize_hidden_state(self):
26.       return tf.zeros((self.batch_sz, self.enc_units))
27.
28.   # 定義 Attention 機制模型
29.   class BahdanauAttention(tf.keras.Model):
30.
31.     # 定義初始化函數，對參數進行初始化
```

```
32.    def __init__(self, units):
33.      super(BahdanauAttention, self).__init__()
34.      # 初始化定義權重網路層 W1、W2，以及最後的評分網路層 V，最終評分結果
         作為注意力的權重值
35.      self.W1 = tf.keras.layers.Dense(units)
36.      self.W2 = tf.keras.layers.Dense(units)
37.      self.V = tf.keras.layers.Dense(1)
38.    # 定義呼叫函數，完成輸入、輸出的邏輯變換
39.    def call(self, query, values):
40.      # hidden shape == (batch_size, hidden size)
41.      # hidden_with_time_axis shape == (batch_size, 1, hidden size)
42.      # we are doing this to perform addition to calculate the score
43.      hidden_with_time_axis = tf.expand_dims(query, 1)
44.
45.      #score 維度是 (batch_size, max_length, hidden_size)
46.      # 建構評價計算網路結構，首先計算 W1 和 W2，然後將 W1 與 W2 的和經過
         tanh 進行非線性變換，最後輸入評分網路層
47.      score = self.V(tf.nn.tanh(self.W1(values) + self.W2(hidden_
         with_time_axis)))
48.
49.      # attention_weights shape == (batch_size, max_length, 1)
50.      # 計算 attention_weights 的值，這裡使用 softmax 將 score 的值進行正
         規化，得到總和唯一的各個 score 值的機率分佈
51.
52.      attention_weights = tf.nn.softmax(score, axis=1)
53.
54.      #context_vector 文字向量的維度是 (batch_size, hidden_size)
55.      # 將 attention_weights 的值與輸入文字相乘，得到加權過的文字向量
56.      context_vector = attention_weights * values
57.      # 將上一步得到的文字向量按列求和，得到最終的文字向量
```

```
58.        context_vector = tf.reduce_sum(context_vector, axis=1)
59.        # 返回最終的文字向量和注意力權重
60.        return context_vector, attention_weights
61.  # 定義 Decoder 模型
62.  class Decoder(tf.keras.Model):
63.  # 定義初始化函數，對參數進行初始化
64.    def __init__(self, vocab_size, embedding_dim, dec_units,
     batch_size):
65.        super(Decoder, self).__init__()
66.
67.        # 初始化批量訓練資料的大小
68.        self.batch_size = batch_size
69.        # 初始化 Decoder 模型的神經元數量
70.        self.dec_units = dec_units
71.
72.        # 初始化定義 Embedding 層，Embedding 對輸入序列進行向量化，防止特徵
     稀疏
73.        self.embedding = tf.keras.layers.Embedding(vocab_size,
     embedding_dim)
74.        # 初始化定義 RNN 結構，採用其變形 GRU 結構
75.        self.gru = tf.keras.layers.GRU(self.dec_units,
76.                      return_sequences=True,
77.                      return_state=True,
78.                      recurrent_initializer='glorot_uniform')
79.        # 初始化定義全連接輸出層
80.        self.fc = tf.keras.layers.Dense(vocab_size)
81.
82.        # 使用 Attention 機制
83.        self.attention = BahdanauAttention(self.dec_units)
84.
```

```
85.     # 定義呼叫函數，完成輸入、輸出的邏輯變換
86.     def call(self, x, hidden, enc_output):
87.         # 解碼器輸出的維度是 (batch_size, max_length, hidden_size)
88.         # 根據輸入 hidden 和輸出值，利用 Attention 機制計算文字向量和注意力
        權重，hidden 就是編碼器輸出的編碼向量
89.         context_vector, attention_weights = self.attention(hidden,
        enc_output)
90.
91.         #x 的維度在 Embedding 之後是 (batch_size, 1, embedding_dim)
92.         # 對解碼器的輸入進行 Embedding 處理
93.         x = self.embedding(x)
94.
95.         # 將 Embedding 之後的向量，和經過 Attention 後編碼器輸出的編碼向量
        進行連接，然後作為輸入向量輸入 gru
96.         x = tf.concat([tf.expand_dims(context_vector, 1), x], axis=-1)
97.
98.         # 將連接後的編碼向量輸入 gru，以得到輸出值和 state
99.         output, state = self.gru(x)
100.
101.         # 將輸出向量進行維度變換，轉換成 (batch_size, vocab)
102.         output = tf.reshape(output, (-1, output.shape[2]))
103.
104.         # 將變換後的向量輸入全連接網路，得到最後的輸出值
105.         outputs = self.fc(output)
106.
107.         return outputs, state, attention_weights
108.
109.  # 對訓練資料的字典大小設定初始值
110.  vocab_inp_size = gConfig['enc_vocab_size']
111.  vocab_tar_size = gConfig['dec_vocab_size']
```

```
112.  # 對 Embedding 的維度設定初始值
113.  embedding_dim=gConfig['embedding_dim']
114.  # 對網路層的神經元數量設定初始值
115.  units=gConfig['layer_size']
116.  # 對批量訓練資料的大小設定初始值
117.  BATCH_SIZE=gConfig['batch_size']
118.
119.  # 產生 Encoder 模型的實體
120.  encoder = Encoder(vocab_inp_size, embedding_dim, units, BATCH_SIZE)
121.
122.  # 產生 Attention 網路層的實體
123.  attention_layer = BahdanauAttention(10)
124.
125.  # 產生 Decoder 模型的實體
126.  decoder = Decoder(vocab_tar_size, embedding_dim, units, BATCH_SIZE)
127.
128.  # 定義優化器，此處選擇常用的 Adam 優化器
129.  optimizer = tf.keras.optimizers.Adam()
130.
131.  # 定義整個模型的損失目標函數
132.  loss_object = tf.keras.losses.SparseCategoricalCrossentropy(from_
      logits=True)
133.
134.  # 定義損失函數
135.  def loss_function(real, pred):
136.    # 為了增強訓練效果和提高泛化性，遮罩訓練資料中最常用的詞，首先建構
      一個 mask 向量
137.    mask = tf.math.logical_not(tf.math.equal(real, 0))
138.    # 計算損失向量
139.    loss_ = loss_object(real, pred)
```

```
140.    # 轉換為 mask 向量的類型
141.    mask = tf.cast(mask, dtype=loss_.dtype)
142.    # 以 mask 向量處理損失向量，去除 Padding 引入的雜訊
143.    loss_ *= mask
144.
145.    # 返回平均損失值
146.    return tf.reduce_mean(loss_)
147.
148. # 產生 Checkpoint 類別的實體，使用 save 方法儲存訓練模型
149. checkpoint = tf.train.Checkpoint(optimizer=optimizer, encoder=
     encoder,decoder=decoder)
150.
151. # 定義訓練方法，對輸入的資料進行一次循環訓練
152. def train_step(inp, targ, targ_lang,enc_hidden):
153.    loss = 0
154.
155.    # 使用 tf.GradientTape 記錄梯度求導資訊
156.    with tf.GradientTape() as tape:
157.
158.        # 使用編碼器編碼輸入語句，得到編碼器的編碼向量輸出 enc_output，以及
     中間層的輸出 enc_hidden
159.        enc_output, enc_hidden = encoder(inp, enc_hidden)
160.        dec_hidden = enc_hidden
161.
162.        # 建構編碼器輸入向量，首詞以 start 對應的字典碼值作為向量的第一個數
     值，維度是 BATCH_SIZE 的大小，也就是一次批量訓練的語句數量
163.        dec_input = tf.expand_dims([targ_lang.word_index['start']] *
     BATCH_SIZE, 1)
164.
165.        # 開始訓練解碼器
```

```
166.     for t in range(1, targ.shape[1]):
167.         # 將編碼器輸入向量和編碼器輸出對話中,上一句的編碼向量作為輸入,
    輸入解碼器,以訓練解碼器
168.         predictions, dec_hidden, _ = decoder(dec_input, dec_hidden,
    enc_output)
169.         # 計算損失值
170.         loss += loss_function(targ[:, t], predictions)
171.
172.         # 將對話的下一句逐步分時作為編碼器的輸入,此舉相當於進行移位輸入,
    先從 start 標誌開始,逐步輸入對話的下一句
173.         dec_input = tf.expand_dims(targ[:, t], 1)
174.     # 計算批次處理平均損失值
175.     batch_loss = (loss / int(targ.shape[1]))
176.     # 計算參數變數
177.     variables = encoder.trainable_variables + decoder.trainable_
    variables
178.     # 計算梯度
179.     gradients = tape.gradient(loss, variables)
180.     # 使用優化器最佳化參數變數的值,以達到擬合的效果
181.     optimizer.apply_gradients(zip(gradients, variables))
182.
183.     return batch_loss
```

4.4.4 執行器實作

執行器提供建立模型、儲存訓練模型、載入模型和預測等功能。設計程式時,分別定義了 create_model 函數、train 函數和預測函數等實作以上功能。具體的程式碼和詳細註解如下:

```
1.    # -*- coding:utf-8 -*-
2.    #匯入所需的依賴套件和模型
3.    import os
4.    import sys
5.    import time
6.    import numpy as np
7.    import tensorflow as tf
8.    import seq2seqModel
9.    from sklearn.model_selection import train_test_split
10.   import getConfig
11.   import io
12.   #pysnooper 是開源的 Python 程式碼偵錯套件，可以使用 pysnooper.snoop()
      裝飾器偵錯程式碼
13.   import pysnooper
14.
15.   #定義一個字典，並以 getConfig 取得設定檔的參數
16.   gConfig = {}
17.   gConfig=getConfig.get_config(config_file='seq2seq.ini')
18.   #設定輸入語句字典維度、輸出語句字典維度，Embedding 的維度、神經元的
      數量、批量大小等
19.   vocab_inp_size = gConfig['enc_vocab_size']
20.   vocab_tar_size = gConfig['dec_vocab_size']
21.   embedding_dim=gConfig['embedding_dim']
22.   units=gConfig['layer_size']
23.   BATCH_SIZE=gConfig['batch_size']
24.
25.   #定義語句處理函數，在所有語句的開頭和結尾分別加上 start 和 end 標誌
26.   def preprocess_sentence(w):
27.       w = '<start> ' + w + ' <end>'
28.
```

```
29.        return w
30.
31.  # 定義訓練資料集處理函數，其功用是讀取檔案中的資料，並進行初步的語句處
     理，在語句的前後加上開始和結束標誌
32.  def create_dataset(path, num_examples):
33.        # 使用 Python io 套件的 open 方法讀取檔案，並以 UTF-8 編碼，去除換行
     符號
34.        lines = io.open(path, encoding='UTF-8').read().strip().
     split('\n')
35.
36.        # 在讀取資料每句的開頭和結尾，加上對應的標誌
37.        word_pairs = [[preprocess_sentence(w) for w in l.split('\t')]
     for l in lines[:num_examples]]
38.
39.        # 返回處理好的資料
40.        return zip(*word_pairs)
41.
42.  # 定義一個函數計算最大的語句長度
43.  def max_length(tensor):
44.        return max(len(t) for t in tensor)
45.
46.  # 定義 word2vec 的函數，透過統計所有訓練集中字元的出現頻率，以建構字典，
     並使用字典的碼值替換訓練集的語句
47.  def tokenize(lang):
48.        # 使用高階 API tf.keras.preprocessing.text.Tokenizer 產生一個轉
     換器的實體，建構字典，並使用字典的碼值替換訓練集的語句
49.        lang_tokenizer = tf.keras.preprocessing.text.Tokenizer(num_
     words= gConfig['enc_vocab_size'], oov_token=3)
50.        # 使用 fit_on_texts 方法處理訓練資料，並建構字典
51.        lang_tokenizer.fit_on_texts(lang)
```

```
52.        # 轉換器使用已經建構好的字典，將訓練集的資料全部替換為字典的碼值
53.        tensor = lang_tokenizer.texts_to_sequences(lang)
54.        # 為了提高計算效率，統一補全訓練語句的長度
55.        tensor = tf.keras.preprocessing.sequence.pad_sequences(tensor,
    padding='post')
56.
57.        return tensor, lang_tokenizer
58.
59.    # 定義資料載入函數，可根據需求按量載入資料
60.    def load_dataset(path, num_examples):
61.        # 呼叫 create_dataset 函數建構資料集
62.        targ_lang, inp_lang = create_dataset(path=path, num_examples=
    num_examples)
63.        # 對訓練集的輸入語句和輸出語句進行 word2vec 轉換
64.        input_tensor, inp_lang_tokenizer = tokenize(inp_lang)
65.        target_tensor, targ_lang_tokenizer = tokenize(targ_lang)
66.
67.        return input_tensor, target_tensor, inp_lang_tokenizer,
    targ_lang_tokenizer
68.
69.    # 呼叫 load_dataset 函數，載入訓練所需的資料集
70.    input_tensor, target_tensor, inp_lang, targ_lang =
    load_dataset(gConfig['seq_data'], gConfig['max_train_data_size'])
71.
72.    # 計算訓練集中最大的語句長度
73.    max_length_targ, max_length_inp = max_length(target_tensor),
    max_length(input_tensor)
74.
75.    # 使用 snoop 裝飾器協助取得程式執行過程中的資訊
76.    @pysnooper.snoop()
```

```
77.    # 定義訓練函數
78.    def train():
79.        # 準備資料，使用 train_test_split 分開訓練集和驗證集
80.        print("Preparing data in %s" % gConfig['train_data'])
81.
82.        input_tensor_train, input_tensor_val, target_tensor_train,
       target_tensor_val = train_test_split(input_tensor, target_tensor,
       test_size=0.2)
83.        # 計算每個 epoch 迴圈需要訓練多少步，才能將所有資料訓練一遍
84.        steps_per_epoch = len(input_tensor_train)//gConfig['batch_size']
85.        # 計算隨機打亂排序的資料大小，此舉可以防止模型陷入局部最佳解中
86.        BUFFER_SIZE=len(input_tensor_train)
87.        # 隨機打亂訓練資料集
88.        dataset = tf.data.Dataset.from_tensor_slices((input_tensor_train,
       target_tensor_train)).shuffle(BUFFER_SIZE)
89.        # 批量取得資料
90.        dataset = dataset.batch(BATCH_SIZE, drop_remainder=True)
91.
92.        # 初始化模型儲存路徑
93.        checkpoint_dir = gConfig['model_data']
94.        # 初始化模型檔的首碼
95.        checkpoint_prefix = os.path.join(checkpoint_dir, "ckpt")
96.
97.        # 取得目前訓練開始的時間
98.
99.        while True:
100.            # 取得目前訓練開始的時間
101.            start_time_epoch=time.time()
102.            # 初始化隱藏層的狀態
103.            enc_hidden = seq2seqModel.encoder.initialize_hidden_state()
```

```
104.        total_loss = 0
105.        # 批量從訓練集中取出資料，以進行訓練
106.        for (batch, (inp, targ)) in enumerate(dataset.take(steps_
     per_epoch)
107.                # 取得每步訓練得到的損失值
108.                batch_loss = seq2seqModel.train_step(inp, targ,
     enc_hidden)
109.                # 計算一個 epoch 的綜合損失值
110.                total_loss += batch_loss
111.        # 計算每步訓練消耗的時間
112.        step_time_epoch=(time.time()-start_time_epoch)/steps_per_epoch
113.        # 計算每步訓練的 loss 值
114.        step_loss=total_loss/steps_per_epoch
115.        # 計算目前已經訓練的步數
116.        current_steps=+steps_per_epoch
117.        # 計算目前已經訓練的步數裡，每步的平均耗時
118.        step_time_total=(time.time()-start_time)/current_steps
119.        # 每一個 epoch 輸出相關的訓練資訊
120.        print(' 訓練總步數：{} 每步耗時：{}   最新每步耗時：{} 最新
     每步 loss 值 {:.4f}'.format(current_steps, step_time_total,
     step_time_epoch, step_loss.numpy()))
121.        # 每一個 epoch 儲存模型檔
122.        seq2seqModel.checkpoint.save(file_prefix = checkpoint_prefix)
123.        # 刷新命令列輸出
124.        sys.stdout.flush()
125. # 定義一個函數，用來載入已經儲存的模型
126. def reload_model():
127.        checkpoint_dir=gConfig['modal_data']
128.        # 使用 restore 載入最新的模型檔
129.        model= seq2seqModel.checkpoint.restore(tf.train.latest_
```

```
       checkpoint (checkpoint_dir))
130.     return model
131. # 定義線上對話函數，根據輸入預測下一句的輸出
132. def predict(sentence):
133.     # 處理輸入語句，在語句的開始和結尾加上對應的標誌
134.     sentence = preprocess_sentence(sentence)
135.     # 對輸入語句進行 word2vec 轉換
136.     inputs = [inp_lang.word_index.get(i,3) for i in sentence.
     split(' ')]
137.     # 對輸入語句按照最大長度補全
138.     inputs = tf.keras.preprocessing.sequence.pad_sequences([inputs],
139.                     maxlen=max_length_inp,
140.                     padding='post') # 將輸入語句轉換為 Tensor
141.     inputs = tf.convert_to_tensor(inputs)
142.     # 初始化輸出變數
143.     result = ''
144.     # 初始化隱藏層
145.     hidden = [tf.zeros((1, units))]
146.     # 對輸入向量進行編碼
147.     enc_out, enc_hidden = model.encoder(inputs, hidden)
148.     model = reload_model()   # 載入已經訓練的模型
149.     # 初始化解碼器的隱藏層
150.     dec_hidden = enc_hidden
151.     # 初始化解碼器的輸入
152.     dec_input = tf.expand_dims([targ_lang.word_index['start']], 0)
153.     # 開始按照語句的最大長度預測輸出語句
154.     for t in range(max_length_targ):
155.         # 根據輸入資訊逐字對輸出語句進行預測
156.         predictions, dec_hidden, attention_weights = model.decoder
     (dec_input, dec_hidden, enc_out)
```

```
157.          # 使用 argmax 取得預測的結果，argmax 返回向量中最大值的 index
158.          predicted_id = tf.argmax(predictions[0]).numpy()
159.          # 透過查字典的方式，將預測的數值轉換為詞
160.
161.          # 如果預測的結果是結束標誌，則停止預測
162.          if targ_lang.index_word[predicted_id] == 'end':
163.              break
164.          result += targ_lang.index_word[predicted_id] + ' '
165.          # 將預測的數值作為上文輸入資訊加入解碼器，以預測下一個數值
166.          dec_input = tf.expand_dims([predicted_id], 0)
167.
168.      # 返回預測的語句
169.      return result
170.
171.  if __name__ == '__main__':
172.      # 輸出目前執行器的模式
173.      print('\n>> Mode : %s\n' %(gConfig['mode']))
174.      # 如果設定檔是訓練模式，則開始訓練
175.      if gConfig['mode'] == 'train':
176.          train()
177.      # 如果設定檔是服務模式，則直接執行應用程式
178.      elif gConfig['mode'] == 'serve':
179.          print('Serve Usage : >> python3 app.py')
```

4.4.5 Web 應用程式實作

Web 應用程式的主要功能包括完成頁面互動、圖片格式判斷、圖片上傳，以及展示返回的預測結果。這裡使用 Flask 的羽量級 Web 應用框架，進而實作簡單的頁面互動和預測結果展示功能。

```
1.    # coding=utf-8
2.    匯入所需的依賴套件
3.    from flask import Flask, render_template, request, make_response
4.    from flask import jsonify
5.    import execute
6.    import sys
7.    import time
8.    import hashlib
9.    import threading
10.   import jieba
11.
12.   # 定義心跳檢測函數
13.
14.   def heartbeat():
15.       print (time.strftime('%Y-%m-%d %H:%M:%S - heartbeat',
      time.localtime(time.time())))
16.       timer = threading.Timer(60, heartbeat)
17.       timer.start()
18.   timer = threading.Timer(60, heartbeat)
19.   timer.start()
20.
21.   # 產生一個 Flask 實例
22.   app = Flask(__name__,static_url_path="/static")
23.
24.   @app.route('/message', methods=['POST'])
25.
26.   # 定義應答函數，用來取得輸入資訊並返回對應的答案
27.   def reply():
28.       # 從請求中讀取參數資訊
29.       req_msg = request.form['msg']
```

```
30.        # 對語句以 jieba 分詞器進行分詞
31.        req_msg=" ".join(jieba.cut(req_msg))
32.        # 呼叫 execute 的 predict 方法產生回答資訊
33.        res_msg = execute.predict(req_msg,model )
34.        # 以微笑符號代替 unk 值的詞
35.        res_msg = res_msg.replace('_UNK', '^_^')
36.        res_msg=res_msg.strip()
37.
38.        # 如果收到的內容為空，則指定對應的回答
39.        if res_msg == ' ':
40.          res_msg = '請與我聊聊天吧'
41.
42.        return jsonify( { 'text': res_msg } )
43.
44.    """
45.    jsonify 是處理序列化 JSON 資料的函數，目的是將資料組裝成 JSON 格式返回
46.
47.    http://flask.pocoo.org/docs/0.12/api/#module-flask.json
48.    """
49.    @app.route("/")
50.    def index():
51.        return render_template("index.html")
52.
53.    # 啟動 APP
54.    if (__name__ == "__main__"):
55.        app.run(host = '0.0.0.0', port = 8808)
```

基於 CycleGAN 的圖形風格
轉移應用程式設計實作

近年來，基於 GAN 的圖形風格轉移和圖形生成，一直
是業界研究的重點，五花八門的風格轉移演算法層出
不窮。本章專案是以 CycleGAN 演算法為基礎，透過呼叫
TensorFlow 2.0 的 API 實作風格轉移的應用。

▶ 5.1 GAN 基礎理論

CycleGAN 是 GAN 的一種網路結構變體，學習 CycleGAN 之前，瞭解 GAN 的基礎理論知識能夠協助我們更好地理解 CycleGAN。本節將從 GAN 的基本觀念和基本工作機制出發，進而介紹其基礎理論知識。

5.1.1 GAN 的基本觀念

GAN 最早是由深度學習界的大師 Ian Goodfellow 提出，他也因此被尊稱為「GAN 之父」。GAN 的本質是一個機率生成模型，目的是找出給定訓練資料的機率分佈模型，並根據此模型產生符合真實機率分佈的資料。GAN 的基本觀念來自博弈論，這種透過對抗博弈逼近真實資料機率分佈的觀念，為深度學習打開了一扇大門。對於 GAN 的強大之處，Ian Goodfellow 在提出 GAN 的論文時曾總結：GAN 作為一種更好的生成模型，避免了馬可夫鏈式的學習機制，理論上能夠整合各式各樣的損失函數。

5.1.2 GAN 的基本工作機制

GAN 的基本工作機制可形象地比喻為「左右互搏」，GAN 框架最少（但不限於）擁有兩個組成部分：生成模型 G 和判別模型 D，G 和 D 形成一組左右互搏的對手。在訓練過程中，GAN 會把生成模型 G 產生的資料和真實資料，隨機傳送給判別模型 D。生成模型 G 的目標是：盡可能減小自己產生的資料被判別模型 D 識別出來的機率。判別模型 D 的目標則是：①盡可能正確識別真實樣本；②盡可能正確識別生成模型 G 產生的假樣本。在這個過程中，G 和 D 進行的是一個零和遊戲，雙方都不斷地最佳化，使自己達到平衡，亦即雙方都無法變得更好為止。

5.1.3 GAN 的常見變形及應用場景

GAN 自面市以來，一直是各行各業頂級會議的投稿焦點，業界也提出 GAN 的各種變形，常見的有 Pix2pix、CycleGAN、TPGAN、StackGAN 和 StarGAN。

1 Pix2pix

Pix2pix 是一種圖形翻譯（圖形轉換）通用框架，其作用是將一幅圖形轉換或產生另一幅圖形。例如根據一幅素描生成高清立體圖形，或者將一幅高清立體圖形轉成素描。在影像處理過程中，如果要進行梯度圖或彩色圖之間的轉換，則得使用特定的演算法來處理。這些演算法的本質，都是來源像素到目的像素的映射轉換。Pix2pix 提供一種圖形轉換演算法的通用框架，能夠統一解決所有圖形像素之間的轉換問題。

2 CycleGAN

Pix2pix 在實際應用時，有一個非常大的難題：訓練資料要求來源圖形和目標圖形成對出現。在實際的工業生產中，取得符合要求的訓練資料成本比較高。CycleGAN 提出一種新的非監督圖形轉移通用框架，可以在沒有成對訓練資料的情況下，將圖形資料從來源域轉移到目標域。

CycleGAN 的核心理念是轉換互逆。舉例來說，如果 F 和 G 具備轉換互逆性，那麼 G 便能將 X 域的圖形轉換為 Y 域的風格，F 則可將 Y 域的圖

形轉換為 X 域的風格。這種轉換的互逆性以運算式表示為：$F(G(x))=x$; $G(F(y))=y$。CycleGAN 主要應用於圖形風格轉移領域，例如將圖形轉換為抽象派風格。

3 TPGAN

TPGAN（Two Pathway GAN，雙路徑生成對抗網路）是由中國科學院自動化研究所（CASIA）、中國科學院大學和南昌大學聯合提出的一種 GAN 變形網路結構，目的是提供一個能夠同時考慮整體和局部資訊的生成對抗框架。在論文 *Beyond Face Rotation: Global and Local Perception GAN for Photorealistic andIdentity Preserving Frontal View Synthesis* 中提出的雙路徑生成對抗網路包括生成器和判別器，其中生成器分為局部生成器和全域生成器，前者負責處理細節特徵，後者則負責處理結構特徵，兩個生成器的輸出合成一幅圖形，以作為最終輸出。判別器的任務是識別與區分真實圖形和生成器產生的圖形。

TPGAN 能夠根據人的側臉來產生正臉面容，或者相反。筆者認為這是一個可以在刑偵方面發揮較大作用的生成式對抗框架，例如根據攝影機拍到的嫌疑人的側臉，進而產生逼真的正臉面容，協助警察機關快速找尋犯罪嫌疑人。這個框架還能提高臉部辨識的用戶體驗，當使用者以任意角度對著攝影機時，都可以完成人臉識別。

4 StackGAN

StackGAN 融合自然語言處理和圖形生成兩項任務，透過對文字語義的理解控制圖形的生成。StackGAN 分成兩個階段處理任務：第一階段的生成對抗網路利用文字描述，粗略地勾勒出物體的主要形狀和顏色，其輸出是低解析度的圖形；第二階段的生成對抗網路將第一階段的輸出和文字描述作為輸入，產生細節豐富的高解析度圖形。在很多科幻電影中，如《鋼鐵人》，便能看到人工智慧的載體是一個可以與人類互動任務的智慧體，並可根據人類的需求完成複雜的任務。StackGAN 就是在這方面進行探索和實踐的案例。

5 StarGAN

StarGAN 是一種圖形風格轉移模型，由香港科技大學、紐澤西大學和韓國大學等機構的研究人員提出，它可以在同一個模型中，完成多個圖形領域之間的風格轉換任務。

StarGAN 是 CycleGAN 在輸入輸出多樣性上的擴充，實現了多類輸入到多類輸出的風格轉移。此舉為工業應用帶來了便利性，因為在多數的工業應用場景中，要求的往往是多對多風格域之間的轉換。

▶ 5.2 CycleGAN 的演算法原理

如圖 5-1 所示，CycleGAN 是由兩個判別器（Dx 和 Dy）和兩個生成器（G 和 F）組成，採用這樣的雙對結構，主要是為了避免所有的 X 都映射到同一個 Y。因此便採用雙生成器，既能滿足 X->Y 的映射，又能滿足 Y->X 的映射，如此就能以不同的輸入產生不同的輸出。圖 5-1（b）與圖 5-1（c）展示 CycleGAN 基本演算法原理：X 表示 X 域的圖形，Y 表示 Y 域的圖形；X 域的圖形透過生成器 G 產生 Y 域的圖形，再藉由生成器 F 重構回 X 域輸入的原圖形；Y 域的圖形透過生成器 F 產生 X 域圖形，再藉由生成器 G 重構回 Y 域輸入的原圖形。判別器 Dx 和 Dy 扮演識別作用，確保圖形的風格轉移。

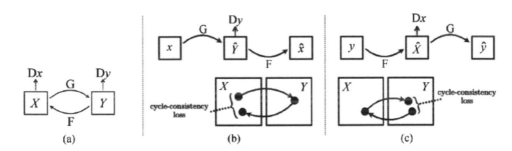

圖 5-1　CycleGAN 的演算法結構

▶ 5.3 TensorFlow 2.0 API 詳解

本章的專案透過呼叫 TensorFlow 2.0 API，以完成程式設計，本節將詳細
講解專案使用的 API。

5.3.1 tf.keras.Sequential

Sequential 是一個類別，允許我們輕易地以堆疊神經網路層的方式，整合
與建構一個複雜的神經網路模型。Sequential 提供豐富的方法，能夠快速
實作神經網路模型的網路層級整合、神經網路模型的編譯、神經網路模
型的訓練和儲存，以及神經網路模型的載入和預測等。

1 神經網路模型的網路層級整合

Sequential().add() 方法用來實現神經網路層級的整合，建議根據實際需
求，加入 tf.keras.layers 中的各類神經網路層級，範例程式碼如下：

```
1.    import tensorflow as tf
2.    model = tf.keras.Sequential()
3.    # 使用 add 方法整合神經網路層級
4.    model.add(tf.keras.layers.Dense(256, activation="relu"))
5.    model.add(tf.keras.layers.Dense(128, activation="relu"))
6.    model.add(tf.keras.layers.Dense(2, activation="softmax"))
```

上述程式碼完成三個全連接神經網路層級的整合，建構一個全連接神經
網路模型。

2 神經網路模型的編譯

完成神經網路層級的整合之後，下一步是編譯神經網路模型，編譯後才能訓練該模型。神經網路模型的編譯，是指將高階 API 轉換成能夠直接執行的低階 API，可以想像成高階程式語言的編譯。Sequential().compile() 提供神經網路模型的編譯功能，範例程式碼如下：

```
model.compile(loss="sparse_categorical_crossentropy",optimizer=
tf.keras.optimizers.Adam(0.01),metrics=["accuracy"]
```

compile 方法需要定義三個參數，分別是 loss、optimizer 和 metrics。loss 參數用來配置模型的損失函數，可透過名稱呼叫 tf.losses API 中已經定義好的 loss 函數；optimizer 參數用來配置模型的優化器，一般是呼叫 tf.keras.optimizers API 設定模型所需的優化器；metrics 是用來配置模型評價的方法，如 accuracy、loss 等。

3 神經網路模型的訓練和儲存

編譯神經網路模型後，便可利用準備好的資料對模型進行訓練，Sequential().fit() 方法提供神經網路模型的訓練功能。Sequential().fit() 有很多整合的參數需要設定，主要的參數如下。

- x：設定訓練資料的輸入資料，可以是 array 或 tensor 類型。
- y：設定訓練資料的標註資料，可以是 array 或 tensor 類型。
- batch_size：設定批量大小，預設值是 32。
- epochs：設定訓練的 epochs 數量。
- verbose：設定訓練過程訊息輸出的級別，共有三個級別，分別是 0、1、2。0 代表不輸出任何訓練過程訊息；1 代表以進度條的方式輸出；2 代表每個 epoch 輸出一筆訓練過程訊息。

- validation_split：設定驗證資料集佔用訓練集資料的比例，取值範圍為 0 到 1。
- validation_data：設定驗證資料集。如果已經配置 validation_split 參數，則可忽略本參數。如果同時指定 validation_split 和 validation_data 參數，那麼 validation_split 參數的設定就會失效。
- shuffle：設定是否隨機打亂訓練資料。當配置 steps_per_epoch 為 None 時，本參數的設定便失效。
- initial_epoch：在進行 fine-tune 時，新的訓練週期是否從指定的 epoch 繼續訓練。
- steps_per_epoch：設定每個 epoch 訓練的步數。

接著利用 save() 或者 save_weights() 方法，儲存與匯出訓練得到的模型。使用這兩個方法時，需要分別設定下列參數。

save() 方法的參數配置	save_weights() 方法的參數配置
• filepath：模型檔儲存的路徑。	• filepath：模型檔儲存的路徑。
• overwrite：是否覆蓋重名的 HDF5 檔。	• overwrite：是否覆蓋重名的模型檔。
• include_optimizer：是否儲存優化器的參數。	• save_format：儲存檔案的格式。

4 神經網路模型的載入和預測

預測模型時，可以使用 tf.keras.models 的 load_model() 方法，重新載入已經儲存的模型檔。完成載入之後，便可利用 predict() 方法對資料進行預測輸出。使用這兩個方法時，需要分別設定下列參數。

load_model() 方法的參數配置	predict() 方法的參數配置
• filepath：載入模型檔的路徑。 • custom_objects：神經網路模型自訂的物件。如果設定了神經網路層級，則需要進行配置，否則載入時會出現無法找到自訂物件的錯誤。 • compile：載入模型檔之後是否需要重新編譯。	• x：待預測的資料集，可以是 Array 或者 Tensor。 • batch_size：預測時的批量大小，預設值是 32。

5.3.2 tf.keras.Input

tf.keras.Input 的作用是產生一個 Keras Tensor 的實體，以作為輸入層。使用時需要設定下列參數。

- shape：設定輸入資料的維度，是元組類型。
- batch_size：設定批量大小。
- name：設定輸入層的名稱，模型中的名稱必須是唯一。
- dtype：設定輸入資料要求的資料類型。
- sparse：設定是否建立為稀疏的引數。

5.3.3 tf.keras.layers.BatchNormalization

關於 Normalization 的作用，吳恩達在其機器學習課程有非常精彩的講解，筆者印象最深的就是圖 5-2 的對比。從圖 5-2 中，可以明顯地看出訓練資料經過 Normalization（正規化）之後，資料分佈更加集中，使得神經網路能夠更快地找到最佳解。

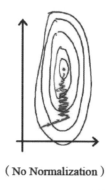
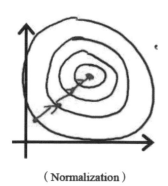

（ No Normalization ）   （ Normalization ）

圖 5-2　非正規化與正規化比較

2015 年，在論文 *Batch Normalization*: *Accelerating Deep Network Training by Reducing Internal Covariate Shift* 中，正式提出了 Batch Normalization。Batch Normalization 演算法的強大之處，並不只是實現每層神經網路輸出資料的正規化，而是以 batch（批量）為單位，根據資料的實際分佈，自動動態地對每層神經網路的輸出資料進行正規化處理。論文中的 Batch Normalization 演算法具有學習功能，能夠學習到恢復原始神經網路所需的資料特徵分佈。

目前使用較多的是 Layer Normalization、Instance Normalization、GroupNorm 和 SwitchableNorm，這些變體應用的領域都不一樣。在風格轉移領域使用最多的是 Instance Normalization，因為它所處理的資料物件是每幅圖形資料實體，但是在官方的 API 中並沒有 Instance Normalization，因此改用 batch 為 1 的 Batch Normalization 代替。

本專案使用 BatchNormalization 這個神經網路層級時，必須設定下列參數。

- axis：設定需進行正規化的座標軸數量。
- momentum：設定移動平均數的趨勢。
- epsilon：該參數是一個非常小的數值，主要是防止出現除以零的情況。
- center：設定是否需要 β 參數。
- scale：設定是否需要 γ 參數。

5.3.4 tf.keras.layers.Dropout

Dropout 在神經網路模型的具體作用，業界分為兩派：一派認為 Dropout 大幅地簡化了訓練時神經網路的複雜度，加快神經網路的訓練速度；另一派則認為 Dropout 的主要作用是防止神經網路的過度擬合，提高神經網路的泛化性。簡單來説，Dropout 的運作機制就是每步訓練時，按照一定的機率隨機地使神經網路的神經元失效，如此便可大量降低連接的複雜度。同時，因為每次訓練都是由不同神經元協同工作，這樣的機制也能適當地避免資料帶來的過度擬合，提高神經網路的泛化性。使用 Dropout 時，需要設定下列參數。

- rate：設定神經元失效的機率。
- noise_shape：設定 Dropout 神經元的標記。
- seed：產生亂數。

5.3.5 tf.keras.layers.Concatenate

Concatenate 神經網路層級的作用，是將輸入的資料連接成一個清單，並且按照 axis 參數連接維度一樣的資料，然後返回一個張量列表。

5.3.6 tf.keras.layers.LeakyReLU

LeakyReLU 是 ReLU 啟動函數的變形，兩者的區別在於：ReLU 啟動函數輸入負值時輸出全為 0；LeakyReLU 啟動函數輸入負值時，輸出則是一個線性變換的結果。ReLU 啟動函數雖然能夠加速神經網路的收斂，但它將所有的負值都設為零，在負值域出現硬飽和時會導致失效。LeakyReLU 啟動函數在負值域有一個小斜率的線性變換，使得負值域不再飽和失效。本章的實作中，啟動函數便選擇 LeakyReLU。

5.3.7 tf.keras.layers.UpSampling2D

UpSampling 稱為上採樣，屬於一種提高圖形解析度的技術。UpSampling2D 是用來恢復二維圖形資料的方法，UpSampling1D 則是恢復一維圖形資料的方法，UpSampling3D 是恢復三維圖形資料的方法。使用 UpSampling2D 時，可以設定下列參數。

- size：設定上採樣恢復的維度大小。例如 (3,3) 是將一個像素值恢復成 3×3 的正方形。

- data_format：設定輸入圖形資料的格式。預設格式是 channels_last，也可根據需求設成 channels_first。處理圖形資料時，圖形資料的格式分為 channels_last (batch, height, width, channels) 和 channels_first (batch, channels, height, width) 兩種。

- interpolation：設定上採樣恢復的方法，例如最近點恢復法或雙線性插值法。

5.3.8 tf.keras.layers.Conv2D

Conv2D 用來建立一個卷積核，以對輸入資料進行卷積計算，然後輸出結果，其建立的卷積核可以處理二維資料。依此類推，Conv1D 能夠處理一維資料，Conv3D 用來處理三維資料。整合神經網路層級時，如果以 Conv2D 層作為第一個層級，則得指定 input_shape 參數。使用 Conv2D 時，需要設定的主要參數如下。

- input_shape：設定輸入資料的維度，如（32, 32, 3）。

- filters：設定輸出資料的維度，資料類型是整數。

- kernel_size：設定卷積核的大小。這裡使用二維卷積核，因此需要配置卷積核的長和寬。數值是包含兩個整數元素值的清單或元組。

- strides：設定卷積核在做卷積計算時移動步幅的大小，分為 X、Y 兩個方向。數值是包含兩個整數元素值的清單或元組，當 X、Y 兩個方向的步幅大小一樣時，只需設定一個步幅即可。

- padding：設定圖形邊界資料處理策略。SAME 表示補零，VALID 表示不補零。在進行卷積計算或者池化時，都會遇到圖形邊界資料處理的問題，當邊界像素無法正好被卷積或池化的步幅整除時，只能在邊界外補零湊成一個步幅，或者直接捨棄邊界的像素特徵。

- data_format：設定輸入圖形資料的格式，預設格式是 channels_last，也可根據需求改成 channels_first。圖形資料的格式有 channels_last (batch, height, width, channels) 和 channels_first (batch, channels, height, width) 兩種。

- dilation_rate：設定使用擴張卷積時每次的擴張率。

- activation：設定啟動函數，如果不配置便不使用任何啟動函數。

- use_bias：設定 Conv2D 層的神經網路是否使用偏置向量。

- kernel_initializer：設定卷積核的初始化。

- bias_initializer：設定偏置向量的初始化。

5.3.9 tf.optimizers.Adam

Adam 是一種代替傳統隨機梯度下降法的梯度最佳化演算法，它是由 OpenAI 的 Diederik Kingma 和多倫多大學的 Jimmy Ba，在 2015 年發表的 ICLR 論文（*Adam: A Method for Stochastic Optimization*）中提出。Adam 具備計算效率高、記憶體佔用少等優勢，自提出以來得到廣泛的應用。Adam 和傳統的梯度下降演算法不同，它可以根據訓練資料的迭代情況更新神經網路的權重，並透過計算梯度的一階矩估計和二階矩估計，為不同的參數設定獨立的自我調整學習率。Adam 適合解決神經網路訓練中高雜訊和稀疏梯度的問題，它的超參數簡單、直觀，並且只要求少量的參數就能達到理想的效果。官方推薦的最佳參數組合為（alpha=0.001, beta_1=0.9, beta_2=0.999, epsilon=$10E^{-8}$）。使用 Adam 時，可以設定下列參數。

- learning_rate：設定學習率，預設值是 0.001。
- beta_1：設定一階矩估計的指數衰減率，預設值是 0.9。
- beta_2：設定二階矩估計的指數衰減率，預設值是 0.999。
- epsilon：本參數是一個非常小的數值，主要是防止出現除以零的情況。
- amsgrad：設定是否使用 AMSGrad。
- name：設定優化器的名稱。

▶ 5.4 專案工程結構設計

如圖 5-3 所示，整個專案工程結構分為兩部分：資料夾和程式檔。實作程式時，強烈建議以資料夾和程式檔的方式設計專案結構。所謂資料夾和程式檔的方式，就是指把所有的 Python 程式檔放在根目錄下，其他如靜態檔、訓練資料檔案和模型檔等，都置於資料夾中。

圖 5-3 專案工程結構

從 Python 程 式 檔 的 名 稱 得 知，本 專 案 分 為 五 個 部 分： 組 態 工具（getConfig.py）、資料讀取器（data_loader.py）、神經網路模型（cycleganModel.py）、執行器（execute.py）和應用程式（app.py）。組態工具提供透過設定檔的調整，以便全域配置神經網路超參數的功能；資料讀取器提供資料載入功能；神經網路模型實作了 CycleGAN 神經網路；執行器提供儲存訓練模型、預測模型等功能；應用程式是一個基於 Flask、用於人機互動的簡單 Web 應用程式。

在資料夾中，model_data 存放訓練匯出的模型檔；train_data 存放訓練資料；templates 則存放 HTML、JS 等靜態檔。

▶ 5.5 專案實作程式碼詳解

本章專案實作程式碼會開源至 GitHub 上,本節主要針對原始碼進行詳細說明,並講解相關的程式設計重點。專案實作程式碼包括工具類別、資料載入器、CycleGanModel、執行器、Web 應用程式等程式碼。

5.5.1 工具類別實作

本專案將使用兩個工具類別:一個是已經悉的 getConfig,用來取得設定檔的參數;另一個是資料載入器,提供批量載入資料、載入全部資料,以及讀取單個資料等功能。

① 組態工具實作

在實際的專案實作中,往往得反復調整參數,因此編寫一個工具來管理。當需要調整參數時,只需修改設定檔的參數值即可。

```
1.   # 匯入 configparser 套件,它是 Python 用來讀取設定檔的套件,設定檔的格式
     可以為:[]( 其中包含的 section)
2.   import configparser
3.   # 定義讀取設定檔的函數,以便讀取 section 的配置參數,section 包括 ints、
     floats、strings
4.   def get_config(config_file='config.ini'):
5.       parser=configparser.ConfigParser()
6.       parser.read(config_file)
7.       # 取得整數參數,按照 key-value 的形式儲存
8.       _conf_ints = [(key, int(value)) for key, value in parser.items
         ('ints')]
```

```
9.       # 取得浮點數參數，按照 key-value 的形式儲存
10.      _conf_floats = [(key, float(value)) for key, value in parser.
    items ('floats')]
11.      # 取得字元型參數，按照 key-value 的形式儲存
12.      _conf_strings = [(key, str(value)) for key, value in parser.
    items ('strings')]
13.      # 返回一個字典物件，包含讀取的參數
14.      return dict(_conf_ints + _conf_floats + _conf_strings)
```

對應本章的專案，神經網路超參數的設定檔如下：

```
1.    [strings]
2.    # 執行器的運行模式，包括 train、serve
3.    mode = train
4.    # 設定模型檔的路徑
5.    model_data=model_data
6.    # 設定資料集的名稱
7.    dataset_name = apple2orange
8.    [ints]
9.    # 設定批次處理資料的大小
10.   batch_size=32
11.   patch_size=64
12.   patch_dim=128
13.   # 設定圖形的 channel，三原色的通道為 3
14.   channels=3
15.   # 設定判別器和生成器的訓練步數比
16.   dis_steps_pergen=3
17.
18.   [floats]
19.   # 設定學習率
20.   learning_rate=0.0001
```

```
21.   #設定生成器的學習率
22.   generator_lr=0.0002
23.   #設定 Adam 的一階矩估計參數
24.   beta1=0.9
25.   #設定 Adam 的二階矩估計參數
26.   beta2=0.999
```

2 資料載入器實作

專案的訓練資料是圖形資料，在訓練過程中需對圖形資料進行預處理、載入多種維度的圖形資料，以及讀取單個圖形資料等，因此把這些方法都集中在一個類別，使用時按照需求呼叫對應的方法即可。

```
1.    #匯入所需的依賴套件
2.    import scipy
3.    from glob import glob
4.    import numpy as np
5.    #定義一個 DataLoader 類別，包含 load_data、load_batch、load_img、
      imread，每個方法的具體作用詳述於下文
6.    class DataLoader():
7.        #定義初始化方法，對參數進行初始化
8.        def __init__(self, dataset_name, img_res=(128, 128)):
9.            self.dataset_name = dataset_name
10.           self.img_res = img_res
11.       #定義 load_data 方法，返回正規化的像素資料
12.       def load_data(self, domain, batch_size=1, is_testing=False):
13.           #初始化資料類型，domain 是指訓練時的來源資料域（A）和目標資料
      域（B）
14.           data_type = "train%s" % domain if not is_testing else
      "test%s" % domain
```

```
15.         # 初始化資料檔案儲存路徑
16.         path = glob('./train_data/%s/%s/*' % (self.dataset_name,
     data_type))
17.         # 因為是批量載入資料，為了緩解過度擬合，採用隨機取得資料的方式
18.         batch_images = np.random.choice(path, size=batch_size)
19.         # 定義一個陣列，以便儲存圖形資料
20.         imgs = []
21.         # 開始讀取圖形資料，並且變換圖形資料的尺寸
22.         for img_path in batch_images:
23.             img = self.imread(img_path)
24.             if not is_testing:
25.                 # 變換圖形資料的尺寸
26.                 img = scipy.misc.imresize(img, self.img_res)
27.                 # 如果隨機產生的點數大於 0.5，則進行資料的左右反轉，
     增加資料的隨機性
28.                 if np.random.random() > 0.5:
29.                     img = np.fliplr(img)
30.             else:
31.                 # 變換圖形資料的尺寸
32.                 img = scipy.misc.imresize(img, self.img_res)
33.             imgs.append(img)
34.         # 對圖形資料進行正規化處理，圖形的像素值最大值是 255，除以
     127.5，減 1 之後，便可將圖形資料全部控制在 (0,1) 內
35.         imgs = np.array(imgs)/127.5 - 1.
36.
37.         return imgs
38.     # 定義批量載入資料的方法，該方法與 load_data 的不同之處，在於其返回
     的資料預設是成對的，而且按照 batch_size 的值返回
39.     def load_batch(self, batch_size=1, is_testing=False):
40.         # 初始化複製 data_type
```

```
41.          data_type = "train" if not is_testing else "val"
42.          # 初始化複製 A 和 B 的儲存路徑
43.          path_A = glob('./train_data/%s/%sA/*' % (self.dataset_
     name, data_type))
44.          path_B = glob('./train_data/%s/%sB/*' % (self.dataset_
     name, data_type))
45.          # 計算 batch 的數量，取 A 和 B 中數量較少的資料，然後除以 batch_
     size，以便保證在每個 batch 取出的資料都包含 A 和 B
46.          self.n_batches = int(min(len(path_A), len(path_B)) /
     batch_size)
47.          # 計算全部需要取出的資料數量
48.          total_samples = self.n_batches * batch_size
49.
50.
51.          # 隨機從 A 和 B 兩個資料來源取出 total_samples 的路徑，因為每個
     像素資料都是單獨儲存，因此這種方式完成了圖形資料的隨機讀取
52.          path_A = np.random.choice(path_A, total_samples,
     replace=False)
53.          path_B = np.random.choice(path_B, total_samples,
     replace=False)
54.          # 開始迴圈取出資料，一共取 n_batches 次
55.          for i in range(self.n_batches-1):
56.              # 依序取出 A 和 B 中對應圖形資料的路徑
57.              batch_A = path_A[i*batch_size:(i+1)*batch_size]
58.              batch_B = path_B[i*batch_size:(i+1)*batch_size]
59.              # 初始化兩個陣列，以便儲存 A 和 B 的資料
60.              imgs_A, imgs_B = [], []
61.              # 迴圈使用 imread 方法讀取相關的資料，變換尺寸後存放到
     imgs_A 和 imgs_B 中
62.              for img_A, img_B in zip(batch_A, batch_B):
```

```
63.              # 呼叫 imread 方法讀取相關的資料
64.              img_A = self.imread(img_A)
65.              img_B = self.imread(img_B)
66.              # 變換圖形資料的尺寸
67.              img_A = scipy.misc.imresize(img_A, self.img_res)
68.              img_B = scipy.misc.imresize(img_B, self.img_res)
69.              # 如果取出的是訓練資料，則得進一步增加隨機性
70.              if not is_testing and np.random.random() > 0.5:
71.                      img_A = np.fliplr(img_A)
72.                      img_B = np.fliplr(img_B)
73.              # 將最終得到的資料存放到 imgs_A 和 imgs_B 中
74.              imgs_A.append(img_A)
75.              imgs_B.append(img_B)
76.          # 對 imgs_A 和 imgs_B 的資料進行正規化處理，具體做法如上
77.          imgs_A = np.array(imgs_A)/127.5 - 1.
78.          imgs_B = np.array(imgs_B)/127.5 - 1.
79.
80.          yield imgs_A, imgs_B
81.    # 定義單個圖形資料的載入方法
82.    def load_img(self, path):
83.        # 呼叫 imread 方法讀取資料
84.        img = self.imread(path)
85.        # 變換圖形資料的尺寸
86.        img = scipy.misc.imresize(img, self.img_res)
87.        # 對圖形資料進行正規化處理
88.        img = img/127.5 - 1.
89.        return img[np.newaxis, :, :, :]
90.    # 定義讀取圖形資料的方法，並返回圖形資料
91.    def imread(self, path):
92.        return scipy.misc.imread(path, mode='RGB').astype(np.float)
```

5.5.2 CycleganModel 實作

CycleganModel 實作是本專案的核心，模型包含轉移和復原兩個功能。一次訓練可以得到兩個模型，分別是對來源圖形進行風格轉移的模型，以及將風格轉移後的圖形復原的模型。以下是 CycleganModel 實作的程式碼和詳細註解。

```
1.    # 載入依賴的套件，主要是 tensorflow 和自訂的 getConfig
2.    import tensorflow as tf
3.    import getConfig
4.    gConfig={}
5.    gConfig=getConfig.get_config()
6.    class CycleGAN(object):   # 定義 CycleGAN 類別
7.        def  init__(self,learning_rate,beta1,beta2):
8.            # 定義輸入維度
9.            self.img_rows = gConfig['patch_dim']
10.           self.img_cols = gConfig['patch_dim']
11.           self.channels = gConfig['channels']
12.           self.img_shape = (self.img_rows, self.img_cols,
       self.channels)
13.           self.learning_rate=learning_rate
14.           self.beta1=beta1
15.           self.beta2=beta2
16.           # 計算判別器的輸出維度
17.           patch = int(self.img_rows / 2**4)
18.           self.disc_patch = (patch, patch, 1)
19.
20.           # 初始化生成器，以及識別第一層的篩檢程式數量
21.           self.gf = 32
22.           self.df = 64
```

```
23.
24.          # 初始化損失參數
25.          self.lambda_cycle = 10.0    # 相融合性 loss
26.          self.lambda_id = 0.1 * self.lambda_cycle  # 一致性 loss
27.          # 定義優化器，選擇目前最常用的 Adam 優化器
28.          self.optimizer = tf.keras.optimizers.Adam (self.learning_
     rate,self.beta1,self.beta2)
29.
30.      # 定義模型生成函數
31.      def create_model(self):
32.          # 建構和編譯判別器，因為是雙向，所以有兩個判別器
33.          d_A = self.build_discriminator()
34.          d_B = self.build_discriminator()
35.          d_A.compile(loss='mse',optimizer=self.optimizer,
     metrics=['accuracy'])
36.          d_B.compile(loss='mse',optimizer=self.optimizer,
     metrics=['accuracy'])
37.
38.          # 建構生成器，因為後面要編譯一個整合模型，所以這裡先不編譯
39.          g_AB = self.build_generator()
40.          g_BA = self.build_generator()
41.
42.          # 定義輸入層，包括 A 和 B 兩個資料域
43.          img_A = tf.keras.Input(shape=self.img_shape)
44.          img_B = tf.keras.Input(shape=self.img_shape)
45.
46.          # 對輸入層的資料進行風格轉移
47.          fake_B = g_AB(img_A)
48.          fake_A = g_BA(img_B)
49.          # 對轉移後的資料進行逆轉移
```

```
50.          reconstr_A = g_BA(fake_B)
51.          reconstr_B = g_AB(fake_A)
52.          # 對圖形資料進行標誌映射
53.          img_A_id = g_BA(img_A)
54.          img_B_id = g_AB(img_B)
55.

56.          # 在整合模型中，只需訓練生成器，因此把待識別的參數設為不更新狀態
57.          d_A.trainable = False
58.          d_B.trainable = False
59.

60.          # 判別器識別生成風格轉移後的資料，辨別是否進行風格轉移
61.          valid_A = d_A(fake_A)
62.          valid_B = d_B(fake_B)
63.

64.          # 建構和編譯整合模型，單獨用來訓練生成器去迷惑判別器
65.          combined = tf.keras.Model(inputs=[img_A, img_B], outputs=
      [ valid_A, valid_B,reconstr_A, reconstr_B, img_A_id, img_B_id ])
66.          # 編譯建構好的整合模型，因為該模型包含 4 個子模型、6 個輸出，
      因此編譯時 loss_weights 有 4 個，loss 函數有 6 個
67.          combined.compile(loss=['mse', 'mse', 'mae', 'mae', 'mae',
      'mae'],
68.                           loss_weights=[ 1, 1,
69.                                self.lambda_cycle, self.lambda_cycle,
70.                                self.lambda_id, self.lambda_id ],
71.                                optimizer=self.optimizer)
72.      return g_AB,g_BA,d_A,d_B,combined
73.      # 定義生成器建構函數，根據論文 Unpaired Image-to-Image
      Translation using Cycle-Consistent Adversarial Networks 中的描述，
      此過程需要先經過二維卷積和二維逆卷積，然後產生建構模型
74.      def build_generator(self):
```

```
75.
76.          # 定義卷積函數，透過卷積操作進行降維採樣
77.          def conv2d(layer_input, filters, f_size=4):
78.              # 對輸入資料進行卷積採樣
79.              d = tf.keras.layers.Conv2D(filters, kernel_size=
     f_size, strides=2, padding='same')(layer_input)
80.              # 使用 LeakyReLU 啟動函數
81.              d = tf.keras.layers.LeakyReLU(alpha=0.2)(d)
82.              # 使用 BatchNormalization 進行正規化處理
83.              d = tf.keras.layers.BatchNormalization()(d)
84.              return d
85.
86.          # 定義逆卷積函數，對資料進行升維採樣操作
87.          def deconv2d(layer_input, skip_input, filters, f_size=4,
     dropout_rate=0):
88.              # 使用 UpSampling2D 對資料進行升維採樣
89.              u = tf.keras.layers.UpSampling2D(size=2)(layer_input)
90.              # 對升維採樣後的資料，再進行卷積採樣
91.              u = tf.keras.layers.Conv2D(filters, kernel_size=
     f_size, strides=1, padding='same', activation='relu')(u)
92.              # 使用 Dropout 防止過度擬合
93.              if dropout_rate:
94.                  u = tf.keras.layers.Dropout(dropout_rate)(u)
95.              # 使用 BatchNormalization 進行正規化處理
96.              u = tf.keras.layers.BatchNormalization()(u)
97.              u = tf.keras.layers.Concatenate()([u, skip_input])
98.              return u
99.
100.         # 定義輸入層，開始建置生成器神經網路，以下是整個過程
101.         d0 = tf.keras.Input(shape=self.img_shape)
```

```
102.
103.          # 先進行連續的降維採樣操作，一共進行四層的降維採樣。濾波器數量
      逐步增多，代表輸出維度逐漸增加
104.          d1 = conv2d(d0, self.gf)
105.          d2 = conv2d(d1, self.gf*2)
106.          d3 = conv2d(d2, self.gf*4)
107.          d4 = conv2d(d3, self.gf*8)
108.
109.          # 然後進行升維採樣操作，輸出的資料維度逐步降低，最後保持與原輸
      入維度相同
110.          u1 = deconv2d(d4, d3, self.gf*4)
111.          u2 = deconv2d(u1, d2, self.gf*2)
112.          u3 = deconv2d(u2, d1, self.gf)
113.          # 再進行升維採樣操作，但是由於在卷積層使用的啟動函數不一樣，
      所以單獨分層建構，使用 UpSampling2D 進行一次升維採樣操作
114.          u4 = tf.keras.layers.UpSampling2D(size=2)(u3)
115.          # 接下來進行卷積採樣，不過使用的啟動函數是 tanh，而非比較脆弱
      的 ReLU
116.          output_img = tf.keras.layers.Conv2D(self.channels,
      kernel_size=4, strides=1, padding='same', activation='tanh')(u4)
117.          # 返回建構好的模型
118.          return tf.keras.Model(d0, output_img)
119.
120.      # 定義判別器建構函數，它的網路比較簡單，主要透過卷積採樣提取特徵
121.      def build_discriminator(self):
122.          # 定義判別器層，先進行二維採樣，然後是正規化處理，採用
      LeakyReLU 作為啟動函數
123.          def d_layer(layer_input, filters, f_size=4,
      normalization=True):
124.              # 使用 Conv2D 對輸入層進行卷積採樣
```

```
125.            d = tf.keras.layers.Conv2D(filters, kernel_size=f_
     size, strides=2, padding='same')(layer_input)
126.            # 使用 LeakyReLU 啟動函數
127.            d = tf.keras.layers.LeakyReLU(alpha=0.2)(d)
128.            if normalization:
129.                d = tf.keras.layers.BatchNormalization()(d)
130.            return d
131.
132.        # 下面是判別器神經網路的建置過程
133.        # 定義輸入層
134.        img = tf.keras.Input(shape=self.img_shape)
135.        # 進行四層的卷積採樣
136.        d1 = d_layer(img, self.df, normalization=False)
137.        d2 = d_layer(d1, self.df*2)
138.        d3 = d_layer(d2, self.df*4)
139.        d4 = d_layer(d3, self.df*8)
140.        # 最後進行一次卷積採樣，輸出資料維度為 1
141.        validity = tf.keras.layers.Conv2D(1, kernel_size=4,
     strides=1, padding='same')(d4)
142.        # 返回建置好的神經網路模型
143.        return tf.keras.Model(img, validity)
```

5.5.3 執行器實作

執行器提供模型建立、訓練模型儲存、模型載入和預測等功能。實作程式時，分別定義了 create_model、train 和 gen 函數對應至上述功能。執行器的具體程式碼及其詳細註解如下：

```python
1.   # 匯入所需的依賴套件，以及自訂的 cycleganModel、DataLoader、getConfig 等
2.   import tensorflow as tf
3.   import  os
4.   import sys
5.   import  numpy as np
6.   import cycleganModel
7.   from data_loader import DataLoader
8.   import getConfig
9.   # 初始化一個字典，用來存放 get_config 函數從設定檔讀取的參數值
10.  gConfig={}
11.  gConfig=getConfig.get_config()
12.  # 初始化圖形資料的輸入 / 輸出維度
13.  img_rows =gConfig['patch_dim']
14.  img_cols = gConfig['patch_dim']
15.  channels = gConfig['channels']
16.  ig_shape = (img_rows, img_cols, channels)
17.  # 計算判別器的輸出維度
18.  patch = int(img_rows / 2**4)
19.  disc_patch = (patch, patch, 1)
20.  # 產生 DataLoader 實體
21.  data_loader = DataLoader(dataset_name=gConfig['dataset_name'],
     img_res=(img_rows, img_cols))
22.
23.  # 設定模型檔的路徑，有 5 個模型檔路徑，分別是兩個生成器模型檔、兩個判別
     器模型檔和一個整合模型檔
24.  g_AB_model_dir = os.path.join(gConfig['model_data'], "g_AB")
25.  g_BA_model_dir = os.path.join(gConfig['model_data'], "g_BA")
26.  d_A_model_dir = os.path.join(gConfig['model_data'], "d_A")
27.  d_B_model_dir = os.path.join(gConfig['model_data'], "d_B")
```

```
28.    comb_model_dir = os.path.join(gConfig['model_data'], "comb")
29.    # 取得模型檔資料夾的目錄
30.    ckpt = tf.io.gfile.listdir(g_AB_model_dir)
31.    def create_model():
32.
33.        # 判斷是否存在模型檔，如果是則載入原來的模型，並於此基礎上繼續訓練，
       否則新建模型相關檔案
34.        if  ckpt:
35.            # 載入已經存在的模型檔
36.            print("Reading model parameters from %s" % g_AB_model_dir)
37.            g_AB_model = tf.keras.models.load_model(g_AB_model_dir)
38.            # 載入已經存在的模型檔
39.            print("Reading model parameters from %s" % g_BA_model_dir)
40.            g_BA_model = tf.keras.models.load_model(g_AB_model_dir)
41.
42.            # 載入已經存在的模型檔
43.            print("Reading model parameters from %s" % d_A_model_dir)
44.            d_A_model = tf.keras.models.load_model(d_A_model_dir)
45.
46.            # 載入已經存在的模型檔
47.            print("Reading model parameters from %s" % d_B_model_dir)
48.            d_B_model = tf.keras.models.load_model(d_B_model_dir)
49.
50.            # 載入已經存在的模型檔
51.            print("Reading model parameters from %s" % comb_model_dir)
52.            comb_model = tf.keras.models.load_model(comb_model_dir)
53.            # 返回載入的模型
54.            return g_AB_model,g_BA_model,d_A_model,d_B_model,comb_model
55.        else:
```

```
56.              # 如果不存在模型檔，則產生 CycleganModel 實體
57.              model = cycleganModel.CycleGAN(gConfig['learning_rate'],
     gConfig['beta1'], gConfig['beta2'])
58.              # 呼叫模型的 create_model 方法，以返回新建構的模型
59.              return model.create_model()
60.  # 定義訓練函數
61.  def train():
62.      # 呼叫 create_model 方法建構模型
63.      g_AB_model,g_BA_model,d_A_model,d_B_model,comb_model=
     create_model()
64.      # 開始循環訓練
65.      while True:
66.              # GAN 的訓練和其他神經網路的訓練方式不一樣，判別器和生成器需要
     交替訓練。由於生成器的更新比較困難，所以判別器的訓練步數比生成器要多，
     生成器和判別器的訓練步數比，可以透過 dis_ecophs_pergen 參數控制
67.          for i in range( gConfig['dis_ecophs_pergen']):
68.              # 開始分步批量進行訓練
69.              for batch_i,(imgs_A,imgs_B) in enumerate(data_loader.
     load_batch(gConfig['batch_size'])):
70.
71.                  valid = np.ones((gConfig['batch_size'],) +
     disc_patch)
72.                  fake = np.zeros((gConfig['batch_size'],) +
     disc_patch)
73.
74.                  # 以生成器產生的資料作為判別器的訓練資料
75.                  fake_B = g_AB_model.predict(imgs_A, steps=1)
76.                  fake_A = g_BA_model.predict(imgs_B, steps=1)
77.
```

```
78.             # 開始訓練判別器，首先是訓練識別 A 的判別器
79.             dA_loss_real =d_A_model.train_on_batch(imgs_A, valid)
80.             dA_loss_fake = d_A_model.train_on_batch(fake_A, fake)
81.             dA_loss = 0.5 * np.add(dA_loss_real, dA_loss_fake)
82.             # 再訓練識別 B 的判別器
83.             dB_loss_real = d_B_model.train_on_batch(imgs_B, valid)
84.             dB_loss_fake = d_B_model.train_on_batch(fake_B, fake)
85.             dB_loss = 0.5 * np.add(dB_loss_real, dB_loss_fake)
86.             # 計算總 loss
87.             d_loss = 0.5 * np.add(dA_loss, dB_loss)
88.             print(d_loss)
89.
90.         # 對判別器進行一定數量 epoch 的訓練之後，開始訓練生成器
91.         for batch_i, (imgs_A, imgs_B) in enumerate (data_loader.
    load_batch(gConfig['batch_size'])):
92.             g_loss = comb_model.train_on_batch([imgs_A, imgs_B],
    [valid, valid, imgs_A, imgs_B, imgs_A, imgs_B])
93.             print(g_loss)
94.         # 完成一個訓練迴圈之後，儲存相關的模型
95.         tf.keras.models.save_model(g_BA_model,g_BA_model_dir)
96.         tf.keras.models.save_model(g_AB_model, g_AB_model_dir)
97.         tf.keras.models.save_model(d_A_model, d_A_model_dir)
98.         tf.keras.models.save_model(d_B_model, d_B_model_dir)
99.         tf.keras.models.save_model(comb_model, comb_model_dir)
100.
101. # 定義風格轉移函數，也就是預測函數
102. def gen(img,gen_AB):
103.     # 呼叫 create_model 取得已經保存的模型
104.     g_AB_model,g_BA_model,_,_,_=create_model()
```

```
105.        # 如果是進行 A-B 的風格轉移，則使用 g_AB_model
106.        if gen_AB:
107.            img_AB=g_AB_model.predict(img,steps=1)
108.            return img_AB
109.        # 如果是進行風格轉移的還原，則使用 g_BA_model
110.        else:
111.            img_BA=g_BA_model.predict(img,steps=1)
112.            return img_BA
113. if __name__=='__main__':
114.        if len(sys.argv) - 1:
115.            gConfig = getConfig(sys.argv[1])
116.        else:
117.            # 取得設定檔的參數
118.            gConfig = getConfig.gel_config()
119.        # 如果是訓練模式，則呼叫訓練函數進行訓練
120.        if gConfig['mode']=='train':
121.            train()
122.        # 如果是服務模式，則直接呼叫 app 程式
123.        elif gConfig['mode']=='serve':
124.            print('Sever Usage:python3 app.py')
```

5.5.4 Web 應用程式實作

Web 應用程式的主要功能包括完成頁面互動、圖形格式判斷、圖形上傳，以及預測結果的展示等。這裡使用 Flask 羽量級 Web 應用框架，以實作簡單的頁面互動和預測結果展示功能。

```
1.    # 匯入所需的依賴套件
2.    import tensorflow as tf
```

```
3.     import getConfig
4.     from flask import Flask,render_template,request,make_response,
       jsonify
5.     from werkzeug.utils import secure_filename
6.     import os
7.     import data_loader
8.     import  execute
9.     from datetime import timedelta
10.
11.    gConfig={}
12.
13.    gConfig=getConfig.get_config(config_file='config.ini')
14.    # 定義一個函數，判斷檔案是否存在，如果不存在，則自動新建一個檔案
15.    def _make_dir_if_not_exists(dir_path):
16.      if not tf.gfile.Exists(dir_path):
17.        tf.gfile.MakeDirs(dir_path)
18.
19.    # 檔案操作，建立檔案
20.    def _file_output_path(dir_path, input_file_path):
21.      return os.path.join(dir_path, os.path.basename(input_file_path))
22.    # 定義風格轉移函數，實作圖形風格的轉移
23.    def trans(img_path,style):
24.      # 呼叫資料載入器的方法，讀取單個圖形資料
25.      img=data_loader.DataLoader.load_img(img_path)
26.      if style==1:
27.          return execute.predict(img,True)
28.      else:
29.          return execute.predict(img,False)
30.
```

```python
31.    """ 下面是一個 app 應用程式，目的是上傳圖形，並顯示風格轉移後的圖形 """
32.    # 設定允許的檔案格式
33.    ALLOWED_EXTENSIONS = set(['png', 'jpg', 'JPG', 'PNG', 'bmp'])
34.    # 定義一個函數，以便判斷檔案格式是否滿足要求
35.    def allowed_file(filename):
36.        return '.' in filename and filename.rsplit('.', 1)[1] in
ALLOWED_EXTENSIONS
37.
38.    app = Flask(__name__)
39.    # 設定靜態檔快取過期時間為 1s
40.    app.send_file_max_age_default = timedelta(seconds=1)
41.    @app.route('/upload', methods=['POST', 'GET'])   # 增加路由
42.    def upload():
43.        if request.method == 'POST':
44.            f = request.files['file']
45.            if not (f and allowed_file(f.filename)):
46.                return jsonify({"error": 1001, "msg": " 請檢查上傳的
圖形類型，僅限於 png、PNG、jpg、JPG、bmp"})
47.            style_input = request.form.get("name")
48.
49.            basepath = os.path.dirname(__file__)   # 目前檔案所在的路徑
50.
51.            upload_path = os.path.join(basepath, 'predict_data/
images', secure_filename(f.filename))   # 注意：如果資料夾不存在，
一定要先建立，否則會提示沒有該路徑
52.            f.save(upload_path)
53.            # 呼叫函數對上傳的圖形進行風格轉移
54.            image_data=trans(upload_path,style_input)
55.            response = make_response(image_data)
```

```
56.          response.headers['Content-Type'] = 'image/png'
57.          return response
58.
59.      return render_template('upload.html')
60.  # 啟動函數，預設使用 8989 通訊埠
61.  if __name__ == '__main__':
62.      app.run(host='0.0.0.0', port=8989, debug=False)
```

06

基於 Transformer 的文字
情感分析程式設計實作

本質上，文字情感分析任務是自然語言序列的特徵提取，以及基於特徵的分類問題。相較於生成類 NLP 任務，文字情感分析任務的核心是自然語言特徵的提取。文字特徵提取一直是 NLP 主流的研究方向，從 RNN 到 AutoEncoder 再到 BERT，都是在改善特徵提取方法。本章案例選用與 BERT 類似的概念：將 Transformer 的 Encoder 作為特徵提取器，然後接上全連接的神經網路進行分類擬合。開始設計程式之前，先回顧一下 Transformer 相關理論知識，以便更好地理解模型結構的設計。

▶ 6.1 Transformer 相關理論知識

本節從 Transformer 基本結構、注意力機制、位置編碼三個方面，逐步介紹 Transformer 相關理論知識。

6.1.1 Transformer 基本結構

圖 6-1 是在 *Attention Is All You Need* 論文提出的 Transformer 結構圖。

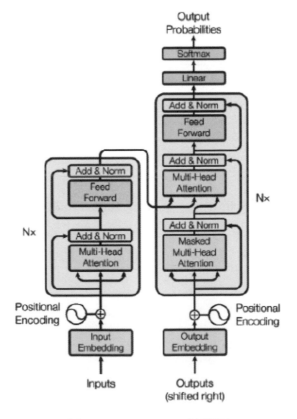

圖 6-1 Transformer 結構圖

從設計結構來看，Transformer 延續 Seq2Seq 的 Encoder-Decoder 結構：對輸入的資料進行 Encoder 編碼提取特徵，然後將 Encoder 的輸出和標註資料一起輸入 Decoder，最後計算字典內每個詞的出現機率，選取最大機率對應的詞作為最終輸出。在 Transformer 結構中，Feed Forward 是前饋神經網路層，其作用是將 Multi-head Attention（多頭注意力）層輸出的資料非線性變換後輸出。

6.1.2 注意力機制

注意力機制（Attention Mechanism）隨著 *Attention Is All You Need* 論文的發表，已經從 Seq2Seq 提升效果的配角，走到了 NLP 舞台的中央。本節將介紹常見的注意力機制。

1 常見的注意力機制

注意力機制由來已久，從結構特點來看，大致分為軟注意力（Soft Attention）機制、硬注意力（Hard Attention）機制、全域注意力（Global Attention）機制、局部注意力（Local Attention）機制和多頭注意力（Multi-head Attention）機制。

（1）軟注意力機制

軟注意力機制和傳統的注意力機制在結構上沒有區別，它將 Encoder 的輸出全部作為輸入，透過計算 score 獲得編碼後的隱性狀態量。軟注意力機制的計算過程完全可導，因此可以直接嵌入模型中訓練，依據整個模型的梯度下降更新參數。由於軟注意力機制是將 Encoder 的全部輸出作為自己的輸入，那麼必然會帶來一定的計算力浪費，這也是其在結構上一個無法避免的缺陷。

（2）硬注意力機制

硬注意力機制是為了解決軟注意力機制的計算力浪費缺陷而來。軟注意力機制將 Encoder 層的輸出全部作為自己的輸入，所以導致不可避免的計算力浪費；而硬注意力機制則將 Encoder 層的輸出，按照一定的機率 Si 作為輸入，因此避免了計算力的浪費。但是因為 Encoder 層的輸出不是連續輸入硬注意力機制，不連續性造成了不可導。為了實作梯度的反向傳播，必須採用蒙地卡羅採樣法估計模組的梯度。

（3）全域注意力機制

全域注意力機制和局部注意力機制是在 *Effective Approaches to Attention-based Neural Machine Translation* 論文中提出，前者將注意力覆蓋 Encoder 的所有輸入隱藏態（Hidden State），透過反向傳播更新每一個隱藏態的權重。如圖 6-2 所示，注意力機制主要計算的是 c_t 和 a_t，其中 c_t 是上下文的向量，a_t 則是每一個隱藏態的權重向量。

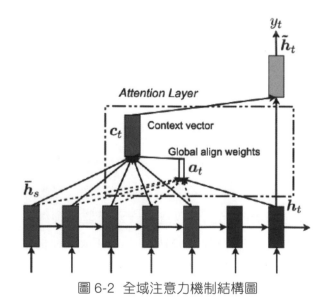

圖 6-2 全域注意力機制結構圖

（4）局部注意力機制

局部注意力機制與全域注意力機制正好相反，它覆蓋的是一部分隱藏態，每次選取的隱藏態都是根據輸出的 target 計算得到。計算方法是 predictive alignment，運算式如下：

$$p_t = S \cdot \text{sigmoid}\big(\boldsymbol{v}_p^\top \tanh(\boldsymbol{W_p h_t})\big)$$

公式中，$\boldsymbol{v}_p$ 和 W_P 是訓練過程的參數，h_t 是根據輸出的 target 計算的輸出，S 是輸入序列的詞數量，sigmoid 輸出 0 ～ 1 之間的實數，透過 S 和 sigmoid 相乘就會得到位置 p_t。最後以 p_t 為中心前後各取 D 個位置，於是得到局部注意力機制所要關注的隱藏態的區間。局部注意力機制的結構，如圖 6-3 所示。

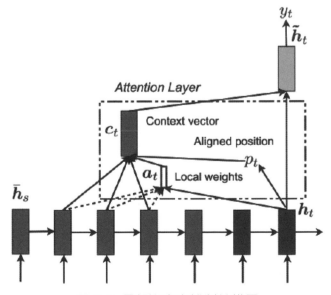

圖 6-3 局部注意力機制結構圖

2 多頭注意力機制

多頭注意力機制是在 *Attention Is All You Need* 論文提出，它是由多個 Scaled Dot-Product Attention（縮放內積注意力，內積是常用來計算相似度的方法之一，縮放指內積的大小是可控的）堆疊而來。與常見的注意力機制相比，縮放內積注意力機制主要是改善相似計算和內積調節控制方面。縮放內積注意力機制的結構，如圖 6-4 所示。

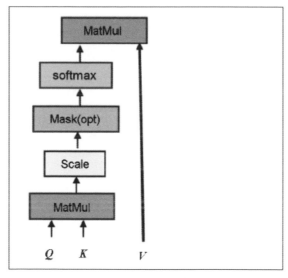

圖 6-4　縮放內積注意力機制結構圖

縮放內積注意力的計算過程大致如下：首先計算每個 Q 與 K 矩陣的相似度，然後以 softmax 對相似度向量進行正規化處理得到權重，最後將權重向量與 V 矩陣加權求和，得到最終的 attention 值。前述過程看似簡單，但是理解起來非常困難，若想搞清楚，首先要瞭解 Self-Attention（自注意力）機制，以下透過一個例子來講解。在傳統的 attention 計算中，若將「我愛包包」翻譯成「I Love BaoBao」，那麼 Love 這個詞（就是 Q）對於「我愛包包」，attention 的計算步驟是：首先計算 Love 和「我愛包包」這句話中，每個詞向量的相似度，然後正規化相似度向量得到每個詞的權重，最後將權重向量與「我愛包包」詞向量矩陣加權求和，得到的就是 Love 對於「我愛包包」這句話的 attention 值，這個 attention 值表示 Love 和「愛」的映射關係。

在自注意力機制中，Encoder 階段會計算「愛」與「我愛包包」這句話中每個詞的 attention 值，Decoder 階段則計算「Love」與「I Love BaoBao」這句話中每個詞的 attention 值。前述過程計算得到的 attention 值，將作為下一個階段神經網路的輸入。

Q 與 K 的相似度計算過程如下：首先以 MatMul 函數計算 Q 和 K 的相似度（MatMul 是一種內積函數）。為了更好地控制計算的複雜度，可用 Scale 函數縮放 MatMul 的計算結果。

那麼，多頭注意力又是怎麼來的？這個問題很好理解，每一次縮放內積注意力的計算結果，就是一個頭注意力，因此計算多次便是多頭注意力。每次計算時，Q、K、V 使用不同的參數進行線性變換，這樣雖然計算多次縮放內積注意力，但每次的結果不同。對輸入資料進行不同的線性變換操作，乃是特徵增強的一種手段，至少從理論上增加了有效特徵，提高神經網路模型的預測效果。多頭注意力機制的結構，如圖 6-5 所示。

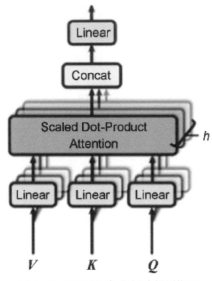

圖 6-5　多頭注意力機制結構圖

6.1.3　位置編碼

Transformer 結構未使用任何 RNN 或其變形結構，這樣 Transformer 就存在一個天然的缺陷：沒有辦法提取序列的位置順序特徵。已知自然語言的資料有時序性，一個詞在句子中出現的位置不同，便可能導致整個句子的意思完全不一樣。為了解決這個缺陷，Transformer 結構使用了位置編碼（Positional Encoding），以提取各個詞的位置資訊，並作為 Encoder 或 Decoder 的輸入。

Transformer 位置編碼的實作方式是：透過正餘弦函數交替編碼提取位置資訊，然後將每個詞的位置資訊與每個詞的 Embedding 輸出相加，以作為 Encoder 或 Decoder 的輸入。採用正餘弦函數交替編碼的公式如下：

$$PE_{(pos,2i)} = \sin(\frac{pos}{10000^{\frac{2i}{\text{dmodel}}}})$$

$$PE_{(pos,2i+1)} = \cos(\frac{pos}{10000^{\frac{2i}{\text{dmodel}}}})$$

公式中，pos 是每個詞的位置資訊，例如在「我愛包包」這句話中，「愛」的位置資訊是「1」，如果直接用「1」表示特徵的話，則會造成特徵稀疏。為了避免這種現象，需要對「1」進行編碼，建議採用正餘弦函數交替編碼，或者以 WordEmbedding 編碼。透過試驗發現，相較於 WordEmbedding 編碼，正弦函數編碼的方式獲得的效果更好，而且訓練步數更少。筆者認為原因是正弦函數編碼能夠更好地呈現不同詞之間的位置關係，因為對於正弦函數來說，在一定的範圍內變化能夠近似於線性變換。

▶ 6.2 TensorFlow 2.0 API 詳解

本章專案透過呼叫 TensorFlow 2.0 API，以完成程式設計，本節將詳細講解專案使用的 API。

6.2.1 tf.keras.preprocessing.text.Tokenizer

開始介紹 Tokenizer 之前，先看一下 tf.keras.preprocessing.text 這個 API 程式庫的類別，日後設計程式時有可能會用到。從官方文獻得知，在 text 套件下包含的 API 有 hashing_trick、one_hot、text_to_word_sequence 和 Tokenizer。

（1）hashing_trick，對文字或字串進行雜湊計算，並將得到的雜湊值作為儲存該文字或字串的索引。

（2）one_hot，對字串序列進行獨熱編碼。所謂的獨熱編碼就是在整個文字中，根據字元出現的次數進行排序，並以序號作為字元的索引組成詞頻字典。在一個字典長度的全零序列中，將序號對應的元素設為 1 表示序號的編碼。例如「我」的序號是 5，全字典長度為 10，那麼「我」的獨熱編碼為 [0,0,0,0,1,0,0,0,0,0]。

（3）text_to_word_sequence，將文字轉換為一個字元序列。

（4）Tokenizer，一個將文字進行數字符號化的類別，訓練神經網路時輸入的資料是數值，因此需要將文字字元轉換為可進行數學計算的數值。此類別提供 fit_on_sequences、fit_on_texts、get_config、sequences_to_matrix、sequences_to_texts 和 sequences_to_texts_generator 等方法。使用 Tokenizer 時，可以設定下列參數。

- num_words：設定符號化的最大數量。
- filters：設定需過濾的文字符號，例如逗號、中括弧等。
- lower：是否需要將大寫全部轉換為小寫。此配置是針對英文有效，中文不存在大小寫的問題。
- split：設定分割的分隔符號。
- char_level：設定字串的級別。如果為 True，表示每個字元都會作為一個 token。
- oov_token：設定不在字典中的字元替換數字，一般是以「3」這個數字代替字典中找不到的字元。

6.2.2 tf.keras.preprocessing.sequence.pad_sequences

在處理自然語言的任務中，輸入的語句長短不一，為了處理這類型的資料，就得建構不同輸入維度的計算子圖，而繁多的計算子圖會導致訓練速度和效果大幅下降。因此，訓練前可以填充訓練資料成有限數量的維度類別，這樣就能大幅降低整個網路規模，以提高訓練速度和成效。前述的資料處理過程稱為 Padding。pad_sequences 是具有 Padding 功能的 API，使用 pad_sequences 時，可以設定的參數如下。

- sequences：設定輸入資料集，可以是所有的訓練資料集。
- maxlen：設定 sequences 的最大長度。
- dtype：設定輸出 sequences 的格式。
- padding：設定填充的位置，可以填充到句子之前或之後，對應的參數值分別是 pre 和 post。
- truncating：當句子超過最大長度時是否要截斷，可以設定為從前還是從後截斷句子，對應的參數值分別是 pre 和 post。

- value：設定用來填充的值，可以是 float 或 string。

6.2.3 tf.data.Dataset.from_tensor_slices

from_tensor_slices 是 Dataset 類別的一個方法，其作用是將 Tensor 轉換成 slices 元素的資料集。

6.2.4 tf.keras.layers.Embedding

Embedding 的作用是將正整數轉換成固定長度的連續向量，它和獨熱編碼的功能類似，都是針對資料字元數值進行編碼。不同的是，Embedding 是將一個單純的數值，轉換成一個長度唯一的機率分佈向量；在避免獨熱編碼產生的特徵稀疏性問題的同時，也能增加特徵的描述維度。當利用 Embedding 建構神經網路時，Embedding 層必須作為第一層，以對輸入資料進行 Embedding 處理。使用 Embedding 時，可以設定的參數如下。

- input_dim：設定字典的長度。Embedding 是針對詞頻字典的索引進行處理，因此得配置字典的長度。
- output_dim：設定神經網路層輸出的維度。
- embeddings_initializer：設定 Embedding 矩陣的初始化。
- embeddings_regularizer：設定 Embedding 矩陣的正則化。
- embeddings_constraint：設定 Embedding 的約束函數。
- mask_zero：設定「0」是否為 Padding 的值，若為 True，則去除所有的「0」。
- input_length：設定輸入語句的長度。

6.2.5 tf.keras.layers.Dense

Dense 神經網路層級提供一個全連接的標準神經網路，使用時需要設定下列參數。

- units：設定神經元的數量，也就是輸出的特徵數量。
- activation：設定啟動函數，預設為不使用。

6.2.6 tf.keras.optimizers.Adam

Adam 是一種梯度最佳化演算法，可以代替傳統的隨機梯度下降演算法。它是由 OpenAI 的 Diederik Kingma 和多倫多大學的 Jimmy Ba，在 2015 年發表的 ICLR 論文（*Adam: A Method for Stochastic Optimization*）中提出。Adam 具備計算效率高、記憶體佔用少等優勢，自提出以來便得到廣泛的應用。

Adam 和傳統的梯度下降演算法不同，它可以根據訓練資料的迭代情況更新神經網路的權重，並透過計算梯度的一階矩估計和二階矩估計，為不同的參數設定獨立的自我調整學習率。Adam 適合解決神經網路訓練的高雜訊和稀疏梯度問題，它的超參數簡單、直觀，並且只需要少量的調整就能達到理想的效果。官方推薦的最佳參數組合為（alpha=0.001, beta_1=0.9, beta_2=0.999, epsilon=10E^{-8}），使用 Adam 時，可以設定下列參數。

- learning_rate：設定學習率，預設值是 0.001。
- beta_1：設定一階矩估計的指數衰減率，預設值是 0.9。
- beta_2：設定二階矩估計的指數衰減率，預設值是 0.999。

- epsilon：一個非常小的數值，防止出現除以零的情況。
- amsgrad：設定是否使用 AMSGrad。
- name：設定優化器的名稱。

6.2.7 tf.optimizers.schedules. LearningRateSchedule

LearningRateSchedule 是學習率自動調度類別，可根據字典的大小或訓練步數自動調整學習率。LearningRateSchedule 內含的方法有 form_config 和 get_config，其中 form_config 是從設定檔產生一個學習率調度函數的實體；get_config 則從設定檔取得組態參數。

6.2.8 tf.keras.layers.Conv1D

Conv1D 是一維卷積神經網路，可對一維資料進行卷積計算。使用 Conv1D 時，可以設定下列參數。

- filters：設定輸出資料的維度，或者說輸出篩檢程式的數量。數值為整數。
- kernel_size：設定卷積核的大小。這裡使用二維卷積核，因此需要配置卷積核的長和寬。數值是包含兩個整數元素值的清單或元組。
- strides：設定卷積核在做卷積計算時移動步幅的大小，分為 X、Y 兩個方向。數值是包含兩個整數元素值的清單或元組，當 X、Y 兩個方向的步幅大小一樣時，只需設定一個步幅即可。
- padding：設定圖形邊界資料處理策略。SAME 表示補零，VALID 表示不補零。在進行卷積計算或者池化時，都會遇到圖形邊界資料處理的問題，當邊界像素無法正好被卷積或池化的步幅整除時，只能在邊界外補零湊成一個步幅，或者直接捨棄邊界的像素特徵。

- data_format：設定輸入圖形資料的格式，預設格式是 channels_last，也可根據需求改成 channels_first。圖形資料的格式有 channels_last (batch, height, width, channels) 和 channels_first (batch, channels, height, width) 兩種。
- dilation_rate：設定使用擴張卷積時每次的擴張率。
- activation：設定啟動函數，如果不配置便不使用任何啟動函數。
- use_bias：設定 Conv1D 層的神經網路是否使用偏置向量。
- kernel_initializer：設定卷積核的初始化。
- bias_initializer：設定偏置向量的初始化。

6.2.9　tf.nn.moments

tf.nn.moments 用來計算數值的平均值和變異數，使用該 API 時，可設定的參數如下。

- x：需要計算平均值和變異數的向量，是 Tensor 類型。
- axes：一個整數陣列，代表需要計算平均值和變異數陣列的 index 值。
- shift：目前是沒用的參數。
- keepdims：設定返回的平均值和變異數，是否與輸入資料保持同樣的維度。
- name：命名操作物件。

▶ 6.3 專案工程結構設計

如圖 6-6 所示，整個專案工程結構分為兩部分：資料夾和程式檔。實作程式時，強烈建議以資料夾和程式檔的方式設計專案結構。所謂資料夾和程式檔的方式，就是指把所有的 Python 程式檔放在根目錄下，其他如靜態檔、訓練資料檔案和模型檔等，都置於資料夾中。

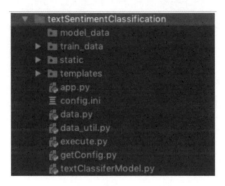

圖 6-6　專案工程結構

從 Python 程 式 檔 的 名 稱 得 知，本 專 案 分 為 五 個 部 分：組 態 工具（getConfig.py）、資 料 前 置 處 理 器（data_util.py）、神 經 網 路 模 型（textClassiferModel.py）、執行器（execute.py）和應用程式（app.py）。組態工具提供透過設定檔的調整，以便全域配置神經網路超參數的功能；資料前置處理器提供資料載入功能；神經網路模型是由 Transformer 的 Encoder 部分，以及和全連接神經網路組成的網路結構；執行器提供儲存訓練模型、預測模型等功能；應用程式是一個基於 Flask、用於人機互動的簡單 Web 應用程式。

在資料夾中，model_data 存放訓練匯出的模型檔；train_data 存放訓練資料；templates 則存放 HTML、JS 等靜態檔。

▶ 6.4 專案實作程式碼詳解

本章專案實作程式碼會開源至 GitHub 上，本節主要針對原始碼進行詳細說明，並講解相關的程式設計重點。專案實作程式碼包括工具類別、data_util、textClassiferModel、執行器、Web 應用程式等程式碼。

6.4.1 工具類別實作

在實際的專案實作中，往往得反復調整參數，因此編寫一個工具來管理。當需要調整參數時，只需修改設定檔的參數值即可。

```
1.   # 匯入 configparser 套件，它是 Python 用來讀取設定檔的套件，設定檔的格式
     可以為：[]（其中包含的 section）
2.   import configparser
3.   # 定義讀取設定檔函數，分別讀取 section 的參數，section 包括 ints、
     floats、strings
4.   def get_config(config_file='config.ini'):
5.       parser=configparser.ConfigParser()
6.       parser.read(config_file)
7.       # 取得整數參數，按照 key-value 的形式儲存
8.       _conf_ints = [(key, int(value)) for key, value in parser.
     items('ints')]
9.       # 取得浮點數參數，按照 key-value 的形式儲存
10.      _conf_floats = [(key, float(value)) for key, value in parser.
     items('floats')]
11.      # 取得字元型參數，按照 key-value 的形式儲存
12.      _conf_strings = [(key, str(value)) for key, value in parser.
     items ('strings')]
```

```
13.        # 返回一個字典物件，包含讀取的參數
14.        return dict(_conf_ints + _conf_floats + _conf_strings)
```

對應本章專案，神經網路超參數的設定檔如下：

```
1.    [strings]
2.    # 設定執行器的運行模式：train、serve
3.    mode = train
4.    # 設定訓練集標註為積極的文字資料
5.    train_pos_data_path=aclImdb/train/pos
6.    # 設定訓練集標註為消極的文字資料
7.    train_neg_data_path=aclImdb/train/neg
8.    # 設定測試集標註為積極的文字資料
9.    test_pos_data_path=aclImdb/test/pos
10.   # 設定測試集標註為消極的文字資料
11.   test_neg_data_path=aclImdb/test/neg
12.   # 設定彙集文字路徑
13.   train_pos_data=train_data/train_pos_data.txt
14.   train_neg_data=train_data/train_neg_data.txt
15.   test_pos_data=train_data/test_pos_data.txt
16.   test_neg_data=train_data/test_neg_data.txt
17.   all_data=all_data.txt
18.   # 設定字典的路徑
19.   vocabulary_file=train_data/vocab10000.txt
20.   # 設定訓練集的路徑
21.   working_directory=train_data/
22.   # 設定模型的路徑
23.   model_dir=model_data/
24.   # 設定訓練集檔案
25.   npz_data=train_data/imdb.npz
26.
```

```
27.    [ints]
28.    # 設定字典的大小
29.    vocabulary_size=10000
30.    # 設定最大語句長度
31.    sentence_size = 100
32.    # 設定 Embedding 的長度
33.    embedding_size = 80
34.    # 設定儲存點
35.    steps_per_checkpoint = 10
36.    # 設定 EncoderLayer 的層數
37.    num_layers = 4
38.    # 設定多頭的數量
39.    num_heads = 8
40.    # 設定批量大小
41.    batch_size=64
42.    # 設定完整訓練週期數
43.    epochs = 1
44.    # 設定隨機打亂參數
45.    shuffle_size=20000
46.    diff=1024
47.
48.    [floats]
49.    # 設定神經元的失效機率
50.    dropout_rate=0.1
```

6.4.2 data_util 實作

data_util 類別需要實作的功能比較多，包括 word2num、產生字典、輸入
資料和標註資料的處理、npz 檔的儲存等。

```
1.    # -*- coding:utf-8 -*-
2.    import os
3.    import numpy as np
4.    import getConfig
5.
6.    gConfig={}
7.    gConfig=getConfig.get_config(config_file='config.ini')
8.
9.    UNK = "__UNK__"  # 標註在詞彙表中未出現的字元
10.   START_VOCABULART = [UNK]
11.   UNK_ID = 3
12.   # 定義字典生成函數
13.   # 產生字典的原理很簡單，就是統計所有訓練資料的詞頻，再按照詞頻排序。每個
           詞在訓練集出現的次數，就是對應的編碼
14.   # 知識點：函數定義，在函數中呼叫函數不需要宣告，字典類型
15.
16.   """
17.   詞頻字典的建立：
18.   1. 讀取所有的詞
19.   2. 統計每個詞出現的次數
20.   3. 排序
21.   4. 取值儲存
22.   """
23.
24.   def create_vocabulary(input_file,vocabulary_size,output_file):
25.       vocabulary = {}
26.       k=int(vocabulary_size)
27.       with open(input_file,'r') as f:
28.           counter = 0
```

```
29.          for line in f:
30.              counter += 1
31.              tokens = [word for word in line.split()]
32.              for word in tokens:
33.                  if word in vocabulary:
34.                      vocabulary[word] += 1
35.                  else:
36.                      vocabulary[word] = 1
37.          vocabulary_list = START_VOCABULART + sorted(vocabulary,
       key=vocabulary.get, reverse=True)
38.          # 根據設定，取出 vocabulary_size 大小的字典
39.          if len(vocabulary_list) > k:
40.              vocabulary_list = vocabulary_list[:k]
41.          # 將生成的字典儲存到檔案中
42.          print(input_file + " 詞彙表大小 :", len(vocabulary_list))
43.          with open(output_file, 'w') as ff:
44.              for word in vocabulary_list:
45.                  ff.write(word + "\n")
46.
47. # 產生字典之後，需將之前訓練集的詞全部用字典替換
48. # 知識點：list 的 append 和 extend，dict 的 get 操作，檔案的寫入操作
49.
50. # 把對話字串轉換為向量形式
51.
52. """
53. 1. 巡訪檔案
54. 2. 找到一個字，然後替換
55. 3. 儲存檔案
56. """
```

```python
57.
58.   def convert_to_vector(input_file, vocabulary_file, output_file):
59.       print(' 文字轉向量 ...')
60.       tmp_vocab = []
61.       # 讀取字典檔的資料，產生一個 dict，也就是鍵值對的字典
62.       with open(vocabulary_file, "r") as f:
63.           tmp_vocab.extend(f.readlines())
64.       tmp_vocab = [line.strip() for line in tmp_vocab]
65.       # 互換 vocabulary_file 中的鍵值對，因為字典檔是按照 {123：好 } 的格式
      儲存，需要轉換成 { 好：123} 格式
66.       vocab = dict([(x, y) for (y, x) in enumerate(tmp_vocab)])
67.
68.       output_f = open(output_file, 'w')
69.       with open(input_file, 'r') as f
70.           line_out=[]
71.           for line in f:
72.               line_vec = []
73.               for words in line.split():
74.                   # 取得 words 的對應編碼，如果找不到就返回 UNK_ID
75.                   line_vec.append(vocab.get(words, UNK_ID))
76.                   # 將 input_file 的中文字元，透過查字典的方式替換成對應的
      key，並儲存到 output_file 中
77.                   output_f.write(" ".join([str(num) for num in line_
      vec]) + "\n")
78.                   #print(line_vec)
79.                   line_out.append(line_vec)
80.           output_f.close()
81.           return line_out
82.
```

```
83.  def prepare_custom_data(working_directory, train_pos, train_neg,
     test_pos, test_neg, all_data, vocabulary_size):
84.
85.      # 字典的路徑，Encoder 和 Decoder 的字典是分開的
86.      vocab_path = os.path.join(working_directory, "vocab%d.txt" %
     vocabulary_size)
87.
88.      # 產生字典檔
89.      create_vocabulary(all_data,vocabulary_size,vocab_path)
90.      # 將訓練集的中文字元用字典替換
91.      pos_train_ids_path = train_pos + (".ids%d" % vocabulary_size)
92.      neg_train_ids_path = train_neg + (".ids%d" % vocabulary_size)
93.      # 對訓練集中分類為積極的資料進行 word2num 轉換
94.      train_pos=convert_to_vector(train_pos, vocab_path,
     pos_train_ids_path)
95.      # 對訓練集中分類為消極的資料進行 word2num 轉換
96.      train_neg=convert_to_vector(train_neg, vocab_path,
     neg_train_ids_path)
97.
98.      # 將測試集的中文字元用字典替換
99.      pos_test_ids_path = test_pos + (".ids%d" % vocabulary_size)
100.     neg_test_ids_path = test_neg + (".ids%d" % vocabulary_size)
101.     # 對測試集中分類為積極的資料進行 word2num 轉換
102.     test_pos=convert_to_vector(test_pos, vocab_path,
     pos_test_ids_path)
103.     # 對測試集中分類為消極的資料進行 word2num 轉換
104.     test_neg=convert_to_vector(test_neg, vocab_path,
     neg_test_ids_path)
105.     return train_pos,train_neg,test_pos,test_neg
```

```
106. # 呼叫 prepare_custom_data 函數，對整理好的訓練資料和測試資料進行
     word2num 轉換
107. train_pos,train_neg,test_pos,test_neg=prepare_custom_data(gConfig
     ['working_directory'],gConfig['train_pos_data'],gConfig['train_
     neg_data'],gConfig['test_pos_data'],gConfig['test_neg_data'],
     gConfig['all_data'],gConfig['vocabulary_size'])
108. # 定義兩個資料分別儲存訓練集和測試集的 label，積極 label 用 0 表示，
     消極 label 用 1 表示
109. y_trian=[]
110. y_test=[]
111. # 迴圈為訓練集資料和測試集資料加上標註
112. for i in range(len(train_pos)):
113.     y_trian.append(0)
114. for i in range(len(train_neg)):
115.     y_trian.append(1)
116.
117. for i in range(len(test_pos)):
118.     y_test.append(0)
119. for i in range(len(test_neg)):
120.     y_test.append(1)
121.
122. # 拼接訓練集的積極資料和消極資料
123. x_train=np.concatenate((train_pos,train_neg),axis=0)
124. # 拼接測試集的積極資料和消極資料
125. x_test=np.concatenate((test_pos,test_neg),axis=0)
126. # 將拼接後的資料和標註資料儲存為 npz 格式檔
127. np.savez("train_data/imdb.npz",x_train,y_trian,x_test,y_test)
```

6.4.3 textClassiferMode 實作

在 textClassiferMode 實作中，根據實際需求只完成了 Transformer 的 Encoder 部分，將其輸出作為對文字資訊的提取，然後輸入到一個全連接神經網路中，以進行文字分類任務的訓練。

```python
1.    # -*- coding: utf-8 -*-
2.    # 匯入依賴套件
3.    import tensorflow as tf
4.    import numpy as np
5.    import getConfig
6.    # 初始化一個字典，並從設定檔讀取參數
7.    gConfig={}
8.    gConfig=getConfig.get_config(config_file='config.ini')
9.    # 定義 layernomalization 函數，按照網路層對參數進行正規化處理，
      以提高訓練效率
10.   def layernormalization_(inputs,epsilon=1e-6):
11.        # 取得輸入資料的維度
12.        inputsShape = inputs.get_shape() # [batch_size,
      sequence_length, embedding_size]
13.        # 取得參數的維度
14.        paramsShape = inputsShape[-1:]
15.        # 計算輸入資料的平均值和變異數
16.        mean, variance = tf.nn.moments(inputs, [-1], keepdims=True)
17.        # 初始化 beta 參數矩陣
18.        beta = tf.Variable(tf.zeros(paramsShape))
19.        # 初始化 gamma 參數矩陣
20.        gamma = tf.Variable(tf.ones(paramsShape))
21.        # 對資料進行正規化處理
```

```
22.          normalized = (inputs - mean) / ((variance + epsilon) ** .5)
23.          # 輸出 layernomalization 的計算結果
24.          outputs = gamma * normalized + beta
25.
26.          return outputs
27.
28.  # 定義一個函數處理位置資訊，以便利用正弦函數和餘弦函數編碼。這裡的計算
     可以參考 1.3 節的內容
29.  def get_angles(pos, i, d_model):
30.    angle_rates = 1 / np.power(10000, (2 * (i//2)) / np.float32
     (d_model))
31.    return pos * angle_rates
32.
33.  # 定義位置編碼函數，分別使用正弦函數和餘弦函數編碼位置資訊
34.  def positional_encoding(position, d_model):
35.    # 處理輸入的 position 位置資訊
36.    angle_rads = get_angles(np.arange(position)[:, np.newaxis],
37.                            np.arange(d_model)[np.newaxis, :],
38.                            d_model)
39.
40.    # 根據奇偶交替編碼的原則，當位置是偶數時採用正弦函數編碼
41.    sines = np.sin(angle_rads[:, 0::2])
42.
43.    # 當位置是奇數時採用餘弦函數編碼
44.    cosines = np.cos(angle_rads[:, 1::2])
45.    # 拼接位置編碼的結果，形成完整語句的位置編碼
46.    pos_encoding = np.concatenate([sines, cosines], axis=-1)
47.    pos_encoding = pos_encoding[np.newaxis, ...]
48.
```

```
49.     # 對位置編碼的結果進行類型轉換，轉換為 float32 類型並返回
50.     return tf.cast(pos_encoding, dtype=tf.float32)
51.
52.  # 定義縮放內積注意力計算函數，輸入的值為 q、k、v
53.  def scaled_dot_product_attention(q, k, v):
54.
55.     """
56.     參數涵義：
57.       q: query 的維度為 (batch_size, seq_len_q, depth)
58.       k: key 的維度為 (batch_size, seq_len_k, depth)
59.       v: value 的維度為 (batch_size, seq_len_v, depth)
60.       mask: mask 的維度為 (batch_size, seq_len_q, seq_len_k)，預設是 None
61.
62.
63.     返回結果：
64.       output, attention_weights
65.     """
66.
67.     # 將 q、k 進行內積相乘，計算 q、k 的相似度
68.     matmul_qk = tf.matmul(q, k, transpose_b=True)
69.
70.     # 對 k 的第一個維度值進行類型轉換，作為縮放 matmul_qk 的因數
71.     dk = tf.cast(tf.shape(k)[-1], tf.float32)
72.     # 透過 matmul_qk 直接除以縮放因數的平方根，以實作 matmul_qk 的縮放
73.     scaled_attention_logits = matmul_qk / tf.math.sqrt(dk)
74.
75.     if mask is not None:
76.         scaled_attention_logits += (mask*-leq)
77.
```

```
78.      # 使用 sotfmax 計算相似度權重矩陣
79.      attention_weights = tf.nn.softmax(scaled_attention_logits,
    axis=-1)
80.      # 利用相似度權重矩陣和 v 進行加權平均，以得到 attention 值
81.      output = tf.matmul(attention_weights, v) # (..., seq_len_v, depth)
82.      # 返回 attention 的值和 attention 權重
83.      return output, attention_weights
84.
85.  # 定義一個類別建置 MultiHeadAttention，實作多頭注意力機制
86.  class MultiHeadAttention(tf.keras.layers.Layer):
87.      # 定義初始化函數，分別初始化 head 的數量和 Embedding 的維度
88.      def __init__(self, d_model, num_heads):
89.          super(MultiHeadAttention, self).__init__()
90.          # 初始化 head 的數量
91.          self.num_heads = num_heads
92.          # 初始化 Embedding 的維度
93.          self.d_model = d_model
94.          # 斷言 head 的數量能被 Embedding 的維度整除，如果無法整除，則不進行
    後續操作
95.          assert d_model % self.num_heads == 0
96.          # 透過 d_model 和 num_heads 整除求得網路的深度
97.          self.depth = d_model // self.num_heads
98.          # 初始化四個全連接層，分別是 self.wq、self.wk、self.wv 和 self.
    dense，其神經元的數量都是 d_model，用於後續對 q、k、v 的線性變換
99.          self.wq = tf.keras.layers.Dense(d_model)
100.         self.wk = tf.keras.layers.Dense(d_model)
101.         self.wv = tf.keras.layers.Dense(d_model)
102.         self.dense = tf.keras.layers.Dense(d_model)
103.
```

104.　　# 定義一個以 head 為單位的維度分割函數，將最後的輸出分割成 (num_heads, depth) 的維度

105.　　def split_heads(self, x, batch_size):

106.　　　　"""

107.　　　　Split the last dimension into (num_heads, depth).

108.　　　　Transpose the result such that the shape is (batch_size, num_heads, seq_len, depth)

109.　　　　"""

110.　　　　# 對函數輸入先進行維度變換，變換成 (batch_size, -1, self.num_heads, self.depth)

111.　　　　x = tf.reshape(x, (batch_size, -1, self.num_heads, self.depth))

112.　　　　# 對 x 進行矩陣轉置

113.　　　　return tf.transpose(x, perm=[0, 2, 1, 3])

114.　　# 定義呼叫函數，實作主要的演算法計算

115.　　def call(self, v, k, q, mask):

116.　　　　batch_size = tf.shape(q)[0]

117.　　　　# 對 q、k、v 進行線性變換

118.　　　　q = self.wq(q) # (batch_size, seq_len, d_model)

119.　　　　k = self.wk(k) # (batch_size, seq_len, d_model)

120.　　　　v = self.wv(v) # (batch_size, seq_len, d_model)

121.　　　　# 以 head 為單位，對 q、k、v 進行維度分割

122.　　　　q = self.split_heads(q, batch_size) # (batch_size, num_heads, seq_len_q, depth)

123.　　　　k = self.split_heads(k, batch_size) # (batch_size, num_heads, seq_len_k, depth)

124.　　　　v = self.split_heads(v, batch_size) # (batch_size, num_heads, seq_len_v, depth)

125.

126.　　　　# 呼叫縮放內積注意力函數，計算 q、k、v 的 attention 值

```
127.     scaled_attention, attention_weights = scaled_dot_product_
    attention(q, k, v, mask)
128.
129.     # 轉置計算得到的 q、k、v 的 attention 值矩陣
130.     scaled_attention = tf.transpose(scaled_attention, perm=[0, 2,
    1, 3])  # (batch_size, seq_len_v, num_heads, depth)
131.     # 對轉置後的矩陣進行維度變換，變換為 (batch_size, seq_len_v,
    d_model)
132.     concat_attention = tf.reshape(scaled_attention,
133.         (batch_size, -1, self.d_model))  # (batch_size, seq_len_v,
    d_model)
134.     # 最後進行一次線性變換，得到最終的輸出值
135.     output = self.dense(concat_attention)
136.
137.     return output, attention_weights
138.
139.     # 定義 feed_forward 函數，這裡使用兩層一維卷積神經網路，啟動函數為
    ReLU，輸出維度是 Embedding 的維度，採用 1×1 的核函數
140. def point_wise_feed_forward_network(d_model, diff):
141.   return tf.keras.Sequential([
142.       tf.keras.layers.Dense(diff, activation='relu'),  # (batch_
    size, seq_len, dff)
143.       tf.keras.layers.Dense(d_model)  # (batch_size, seq_len,
    d_model)
144. ])
145.
146. # 定義 EncoderLayer 神經網路層
147. class EncoderLayer(tf.keras.layers.Layer):
148.   # 定義初始化函數
```

```
149.    def __init__(self, d_model, diff, num_heads, rate=0.1):
150.      super(EncoderLayer, self).__init__()
151.      # 初始化 MultiHeadAttention 的輸出
152.      self.mha = MultiHeadAttention(d_model, num_heads)
153.      # 初始化前饋神經網路層
154.      self.ffn = point_wise_feed_forward_network(d_model, diff)
155.      # 初始化 Dropout 層和正規化層
156.      self.dropout1 = tf.keras.layers.Dropout(rate)
157.      self.dropout2 = tf.keras.layers.Dropout(rate)
158.      self.layernorm1=tf.layers.layerNormalization(epsilon=1e-6)
159.     self.layernorm2=tf.layers.layerNormalization(epsilon=1e-6)
160.   # 定義主呼叫函數，實作主要的演算法計算
161.   def call(self, x, training, mask):
162.      # 計算 MultiHeadAttention 的值，這裡 q=k=v=x
163.      attn_output, _ = self.mha(x, x, x, mask)  # (batch_size,
    input_seq_len, d_model)
164.      # 加上一層 Dropout，實作神經網路參數的正則化，防止過度擬合
165.      attn_output = self.dropout1(attn_output, training=training)
166.      # 加上一層 layernormalization，正規化輸入資料的分層，以提高訓練
    效率。這裡進行一次 x 和 attention 值的相加操作，藉以加強特徵
167.      out1 = self.layernorm1(inputs=x + attn_output)  # out1 的維度為
    (batch_size, input_seq_len, d_model)
168.      # 加上一層前饋神經網路，處理輸入的資料
169.      ffn_output = self.ffn(out1)  # 維度為 (batch_size, input_seq_
    len, d_model)
170.      # 加上一層 Dropout，實作神經網路參數的正則化，防止過度擬合
171.      ffn_output = self.dropout2(ffn_output, training=training)
172.      # 加上一層 layernormalization，正規化輸入資料的分層，以提高訓練
    效率。這裡進行一次 out1 和 ffn_output 值的相加操作，藉以加強特徵
```

```
173.      out2 = self.layernorm2(inputs=out1 + ffn_output)  # out2 的維度
      為 (batch_size, input_seq_len, d_model)
174.      # 返回最後處理的結果
175.      return out2
176.
177. # 定義 Encoder 類別，用來建構完整的 Encoder
178. class Encoder(tf.keras.layers.Layer):
179.    # 定義初始化函數
180.    def __init__(self, num_layers, d_model, diff, num_heads,
181.                 input_vocab_size, rate=0.1):
182.      super(Encoder, self).__init__()
183.      # 初始化 Embedding 的維度
184.      self.d_model = d_model
185.      # 初始化 encoder_layer 的數量
186.      self.num_layers = num_layers
187.      # 初始化 Embedding 函數
188.      self.embedding = tf.keras.layers.Embedding(input_vocab_size,
      d_model)
189.      # 初始化位置編碼函數
190.      self.pos_encoding = positional_encoding(input_vocab_size,
      self.d_model)
191.
192.      # 初始化 enc_layers 層
193.      self.enc_layers = [EncoderLayer(d_model, diff, num_heads, rate)
194.                         for _ in range(num_layers)]
195.      # 初始化 Dropout 層
196.      self.dropout = tf.keras.layers.Dropout(rate)
197.
198.      # 定義主呼叫函數，實作演算法的全部計算
```

```
199.    def call(self, x, training, mask):
200.        # 取得輸入語句 x 的長度
201.        seq_len = tf.shape(x)[1]
202.
203.        # 對 x 進行 Embedding 編碼
204.        x = self.embedding(x)   # 維度為 (batch_size, input_seq_len,
    d_model)
205.        # 對 Embedding 結果進行正規化處理
206.        x *= tf.math.sqrt(tf.cast(self.d_model, tf.float32))
207.        # 對語句 x 中的詞進行位置編碼，並與 x 的 Embedding 的正規化結果相加
208.        x += self.pos_encoding[:, :seq_len, :]
209.        # 使用 Dropout 層對 x 進行正則化處理
210.        x = self.dropout(x, training=training)
211.        # 將 x 輸入多層疊加的 enc_layers 中進行處理
212.        for i in range(self.num_layers):
213.            x = self.enc_layers[i](x, training)
214.
215.        # 返回最後的處理結果
216.        return x   # 維度為 (batch_size, input_seq_len, d_model)
217. # 定義 Transformer 類別，是 Model 類型。這裡定義的其實是經過改造、特別版
     的 Transformer。因為只有 Encoder，且處理的是分類任務，因此只用 Encoder
     提取特徵，然後接上全連接網路擬合分類
218. class Transformer(tf.keras.Model):
219.    # 定義初始化函數
220.    def __init__(self, num_layers, d_model, diff, num_heads,
    input_vocab_size, rate=0.1):
221.        super(Transformer, self).__init__()
222.        # 產生一個 Encoder 實體，用來提取文字特徵
223.        self.encoder = Encoder(num_layers, d_model, diff, num_heads,
```

```
         input_vocab_size, rate)
224.
225.      # 初始化輸出層，輸出維度為 2，使用 softmax 啟動函數
226.      self.ffn_out=tf.keras.layers.Dense(2,activation='softmax')
227.      # 初始化 Dropout 層
228.      self.dropout1 = tf.keras.layers.Dropout(rate)
229.
230.     # 定義主呼叫函數，實作演算法的全部計算
231.     def call(self, inp, training, enc_padding_mask):
232.
233.       # 使用 Encoder 對輸入語句進行特徵提取
234.       enc_output = self.encoder(inp, training, enc_padding_mask)
     # 維度為 (batch_size, inp_seq_len, d_model)
235.
236.       out_shape=gConfig['sentence_size']*gConfig['embedding_size']
237.
238.       # 對 Encoder 的輸出進行維度變換
239.       enc_output=tf.reshape(enc_output,(-1,out_shape))
240.
241.       # 加上一個 Dropout 層
242.       ffn=self.dropout1(enc_output, training=training)
243.
244.       # 將 Dropout 層的輸出輸入輸出層中，得到最後的結果
245.       ffn_out=self.ffn_out(ffn)
246.
247.       return ffn_out
248.
249.  # 定義學習率自動規劃類別，根據不同的訓練集和訓練進度，自動設定學習率
250.  class CustomSchedule(tf.optimizers.schedules.LearningRateSchedule):
```

```
251.    # 定義初始化函數
252.    def __init__(self, d_model, warmup_steps=40):
253.        super(CustomSchedule, self).__init__()
254.
255.        # 初始化 Embeddding 的維度
256.        self.d_model = d_model
257.        self.d_model = tf.cast(self.d_model, tf.float32)
258.
259.        # 初始化 warmup_steps
260.        self.warmup_steps = warmup_steps
261.
262.    # 定義主函數
263.    def __call__(self, step):
264.        # 定義兩個參數，即 agr1 和 agr2，取其最小值作為學習率的計算因數之一。
```

其中 agr1 是訓練步數的平方根倒數，agr2 是訓練步數與 warmup_steos 的 1.5 次方的除數

```
265.        arg1 = tf.math.rsqrt(step)
266.        arg2 = step * (self.warmup_steps ** -1.5)
267.        # 將 Embedding 平方根的倒數，與 agr1、arg2 的最小值乘積作為學習率
268.
269.        return tf.math.rsqrt(self.d_model) * tf.math.minimum(arg1, arg2)
270.
271. # 產生一個學習率規劃函數的實體
272. learning_rate = CustomSchedule(gConfig['embedding_size'])
273. # 產生一個優化器的實體，這裡選擇常用的 Adam 優化器
274. optimizer = tf.keras.optimizers.Adam(learning_rate)
275.
276. # 產生一個訓練模型損失評估方法的實體
277. train_loss = tf.metrics.Mean(name='train_loss')
```

```
278.  # 產生一個訓練模型準確率評估方法的實體
279.  train_accuracy = tf.keras.metrics.SparseCategoricalAccuracy(name=
      'train_accuracy')
280.  # 產生一個 Transformer 的實體
281.  transformer = Transformer(gConfig['num_layers'],
      gConfig['embedding_size'], gConfig['diff'],gConfig['num_heads'],
      gConfig['vocabulary_size'],gConfig['dropout_rate'])
282.  # 產生一個 checkpoint 實體，用來儲存訓練的模型
283.  ckpt = tf.train.Checkpoint(transformer = transformer, optimizer =
      optimizer)
284.  # 定義一個 padding 遮罩函數，去除在語句進行 padding 時引入的雜訊
285.  def create_padding_mask(seq):
286.      seq=tf.cast(tf.math.equl(seq,0),tf.float32)
287.      return seq[:,tf.newaxis,tf.newaxis,:]
288.  # 定義一個函數，既能完成訓練模式，也能完成預測模式
289.  def step(inp, tar,train_status=True):
290.  # 去除 inp 在 padding 時引入的雜訊
291.    enc_padding_mask=create_padding_mask(inp)
292.   if train_status:
293.        with tf.GradientTape() as tape:
294.            # 使用 transformer 對輸入 inp 進行預測
295.            predictions= transformer(inp, True, enc_padding_mask)
296.            # 對標註資料進行獨熱編碼，以 [0,1] 表示 1，[1,0] 表示 0
297.            tar=tf.keras.utils.to_categorical(tar,2)
298.            # 計算預測值與標註值之間的 loss，以分類交叉熵來計算 loss
299.            loss=tf.losses.categorical_crossentropy(tar,predictions)
300.      # 計算實際值與預測值之間的交叉熵
301.      loss = tf.losses.binary_crossentropy(tar, predictions)
302.
303.      # 計算每一個訓練參數的梯度
```

```
304.    gradients = tape.gradient(loss, transformer.trainable_variables)
305.    #根據計算的梯度，沿著梯度下降的方向更新整個網路的參數
306.    optimizer.apply_gradients(zip(gradients, transformer.trainable_
        variables))
307.    #返回損失值和準確率
308.    return train_loss(loss),train_accuracy(tar,predictions)
309.
310. #定義驗證函數，以測試集的資料驗證訓練好的模型
311. def evaluate(inp,tar):
312.    #使用 transformer 對輸入 inp 進行預測
313.    predictions= transformer(inp,Flase)
314.    #對預測結果進行維度變換，轉換成一維陣列
315.    predictions=tf.reshape(predictions,(1,gConfig['batch_size']))
316.
317.    #計算實際值與預測值之間的交叉熵
318.    loss =tf.losses.binary_crossentropy(tar, predictions)
319.    #返回損失值和準確率
320.    return train_loss(loss),train_accuracy(tar,predictions)
```

6.4.4 執行器實作

執行器提供模型建立、訓練模型儲存、模型載入和預測等功能，因此實作時定義了 create_model、train 和預測函數。具體的程式碼及詳細註解如下：

```
1.   # -*- coding: utf-8 -*-
2.   #匯入所需的依賴套件
3.   import string
4.   import tensorflow as tf
```

```
5.    import numpy as np

6.    import getConfig

7.    import tensorflow.keras.preprocessing.sequence as sequence

8.    import textClassiferModel as model

9.    import time

10.   UNK_ID=3

11.   # 初始化一個字典，並將從設定檔讀取的參數置於其中

12.   gConfig={}

13.   gConfig=getConfig.get_config(config_file='config.ini')

14.

15.   # 初始化 sentence_size

16.   sentence_size=gConfig['sentence_size']

17.   # 初始化 Embedding 的維度

18.   embedding_size = gConfig['embedding_size']

19.   # 初始化字典的大小

20.   vocab_size=gConfig['vocabulary_size']

21.   # 初始化模型路徑

22.   model_dir = gConfig['model_dir']

23.

24.   # 定義一個 npz 檔案讀取函數，以返回讀取的資料

25.   def read_npz(data_file):

26.       r = np.load(data_file)

27.       return r['arr_0'],r['arr_1'],r['arr_2'],r['arr_3']

28.

29.   # 定義一個 padding 函數，對長度不足的語句以 0 補全

30.   def pad_sequences(inp):

31.     out_sequences=sequence.pad_sequences(inp,maxlen=gConfig
      ['sentence_size'], padding='post',value=0)

32.     return out_sequences
```

```
33.
34.   # 呼叫 read_npz 函數讀取訓練資料
35.   x_train, y_train, x_test, y_test =read_npz(gConfig['npz_data'])
36.
37.   # 對訓練資料進行長度補全，使用之前定義的 pad_sequences 函數
38.   x_train=pad_sequences(x_train)
39.   x_test= pad_sequences(x_test)
40.
41.   # 使用 tf.data 將訓練資料建構成 Dataset 物件，這樣就能以 Dataset 的方法操
      作資料，例如使用 shuffle 隨機打亂資料
42.   dataset_train = tf.data.Dataset.from_tensor_slices((x_train,
      y_train)). shuffle(gConfig['shuffle_size']
43.
44.   # 使用 tf.data 將測試資料建構成 Dataset 物件，這樣就能以 Dataset 的方法
      操作資料，例如使用 shuffle 隨機打亂資料
45.   dataset_test = tf.data.Dataset.from_tensor_slices((x_test,
      y_test)). shuffle(gConfig['shuffle_size']
46.
47.   # 初始化 checkpoint_path
48.   checkpoint_path = gConfig['model_dir']
49.
50.   # 產生一個 CheckpointManager 實體，以儲存和讀取 checkpoint 檔
51.   ckpt_manager = tf.train.CheckpointManager(model.ckpt, checkpoint_
      path, max_to_keep=5)
52.
53.   # 定義一個模型建構函數，用來載入已經訓練好的模型，或者直接使用匯入的模型
54.   def create_model():
55.     ckpt=tf.io.gfile.listdir(checkpoint_path)
56.     if ckpt:
```

```
57.        print(" 重新載入訓練好的模型 ")
58.        model.ckpt.restore(tf.train.latest_checkpoint(checkpoint_path)
59.        return model
60.     else:
61.        return model
62.
63.    # 定義一個訓練函數
64.    def train():
65.      model=craet_model()
66.      # 按照 epoch 值進行循環訓練
67.      for epoch in range(gConfig['epochs']):
68.          start = time.time()
69.          # 初始化 train_loss 和 train_accuracy
70.          model.train_loss.reset_states()
71.          model.train_accuracy.reset_states()
72.
73.          # 開始批量循環訓練，每一步訓練資料的大小都是一個批量大小
74.          for (batch,(inp, target)) in enumerate(dataset_train.batch
      (gConfig['batch_size'])):
75.              start=time.time()
76.              loss = model.step(inp, target)
77.
78.              print (' 訓練集 :Epoch {} Batch {} Loss {:.4f}, prestep
      {:.4f}'.format(epoch + 1, batch,
79.                  loss.numpy(), (time.time()-start)))
80.
81.          # 開始批量循環測試，每一步測試資料的大小都是一個批量大小
82.          for (batch,(inp, target)) in enumerate(dataset_test.batch
      (gConfig['batch_size'])):
```

基於 Transformer 的文字情感分析程式設計實作 **06**

```
83.              start=time.time()
84.              loss = model.evaluate(inp, target)
85.
86.              print ('驗證集:Epoch {} Batch {} Loss {:.4f} ,prestep
     {:.4f}'.format(
87.                      epoch + 1, batch, loss.numpy(),
     (time.time()-start)))
88.
89.         #儲存訓練的參數，並輸出相關資訊
90.         ckpt_save_path=ckpt_manager.save()
91.
92.         print ('儲存 epoch{} 模型在 {}'.format(epoch+1,
     ckpt_save_path))
93.
94.  #定義文字轉向量函數，將文字語句轉換為數字向量
95.  def text_to_vector(inp):
96.      vocabulary_file=gConfig['vocabulary_file']
97.      tmp_vocab=[]
98.      #開啟字典檔，讀取字典檔的單詞和對應的索引編號，並存放在 tmp_vocab 中
99.      with open(vocabulary_file, "r") as f:
100.         tmp_vocab.extend(f.readlines())
101.     tmp_vocab=[line.strip() for line in tmp_vocab]
102.     #將讀取的單詞和索引編號，建構成 key-value 形式的字典
103.     vocab=dict([(x,y) for (y,x) in enumerate(tmp_vocab)])
104.         line_vec=[]
105.     #使用字典 vocab，將文字 inp 中的文字，轉換為字典對應的索引編號
106.     for words in inp.split():
107.         line_vec.append(vocab.get(words,UNK_ID))
108.     return line_vec
```

6-41

```
109.
110.    # 定義一個預測函數
111.    def predict(sentences):
112.        # 初始化分類標註，分別是 pos 和 neg，也就是積極的和消極的資料
113.        state=['pos','neg']
114.        # 對文字進行 word2num 轉換
115.        indexes = text_to_vector(sentences)
116.
117.        inp = sequence.pad_sequences([indexes])
118.
119.        # 對補全後的資料進行維度變換，變換為一維陣列
120.        inp=tf.reshape(inp[0],(1,len(inp[0])))
121.
122.        # 將 inp 輸入 model.step 函數，進行文字情感預測
123.        predictions= model.step(inp,inp,False)
124.        # 對預測結果以 argmax 得到機率最大元素對應的索引
125.        pred=tf.math.argmax(predictions[0])
126.
127.        # 計算 Tensor 的值，並轉換為 int 類型
128.        p=np.int32(pred.numpy())
129.        # 返回預測結果 pos 或者 neg
130.        return state[p]
131.
132.    if __name__ == "__main__":
133.        # 如果是訓練模式，則進行模型訓練
134.        if gConfig['mode']=='train':
135.            train()
136.        # 如果是服務模式，便執行 Web 應用程式
137.        elif gConfig['mode']=='serve':
138.            print('Sever Usage:python3 app.py')
```

6.4.5 Web 應用程式實作

Web 應用程式主要完成頁面互動、圖形格式判斷、圖形上傳，以及預測結果的返回展示。這裡使用 Flask 羽量級 Web 應用框架，以實作簡單的頁面互動和預測結果展示功能。

```
1.   # coding=utf-8
2.   # 匯入所需的依賴套件
3.   from flask import Flask, render_template, request, make_response
4.   from flask import jsonify
5.   import time
6.   import threading
7.   import execute
8.
9.   # 定義心跳檢測函數
10.
11.  def heartbeat():
12.      print (time.strftime('%Y-%m-%d %H:%M:%S - heartbeat',
     time.localtime(time.time())))
13.      timer = threading.Timer(60, heartbeat)
14.      timer.start()
15.  timer = threading.Timer(60, heartbeat)
16.  timer.start()
17.
18.  # 產生一個 Flask 實體
19.  app = Flask(__name__,static_url_path="/static")
20.  # 為 reply 函數增加一個路由入口
21.  @app.route('/message', methods=['POST'])
22.
23.  # 定義應答函數，以便取得輸入資訊，並返回對應的答案
```

```
24.  def reply():
25.      # 從請求取得參數資訊
26.      req_msg = request.form['msg']
27.      # 對取得的文字進行文字情感分析
28.      res_msg = execute.predict(req_msg)
29.
30.      # 將分析結果以 JSON 格式返回
31.      return jsonify( { 'text': res_msg } )
32.
33.  """
34.  jsonify: 用來處理序列化 JSON 資料的函數，就是將資料組裝成 JSON 格式返回
35.  """
36.  # 增加預設路由入口
37.  @app.route("/")
38.  def index():
39.      return render_template("index.html")
40.
41.  # 啟動 app
42.  if (__name__ == "__main__"):
43.      app.run(host = '0.0.0.0', port = 8808)
```

基於 TensorFlow Serving 的模型部署實作

在日常的線上應用中，一般需要將訓練好的神經網路模型部署到線上環境，並且以服務的形式提供給客戶使用。根據 TensorFlow 編寫的神經網路模型，有兩種部署方案可供選擇：一是基於 Flask 的 Web 框架；二是基於 TensorFlow Serving。前面的章節已介紹過以 Flask 作為部署框架的方案，本章將解説使用 TensorFlow Serving 部署模型的方案，並以訓練好、基於 CNN 的 CIFAR-10 圖形分類模型為部署案例（詳第 3 章）。

▶ 7.1 TensorFlow Serving 框架簡介

TensorFlow Serving 是一個高效能、開源的機器學習服務系統，為線上環境部署及更新 TensorFlow 模型而設計。TensorFlow Serving 能夠讓訓練好的模型更快、更容易投入線上環境中，具備有效、高可用的模型服務治理能力。

TensorFlow Serving 包含四個核心模組，分別是 Servable、Source、Loader 和 Manager。根據官方文件的研究，文中以這四個模組為基礎，繪製出 TensorFlow Serving 的整體架構，如圖 7-1 所示。

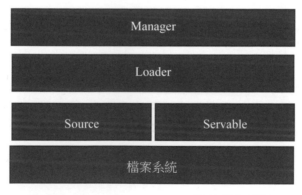

圖 7-1 TensorFlow Serving 的整體架構圖

7.1.1 Servable

Servable 是用來執行計算的底層物件。單個 Servable 的大小和細微性靈活可變，因此可以包括從單個模型到多個模型組合的所有資訊。為了確保靈活性和可擴展性，Servable 可以是任意類型或者介面，例如 Streaming result、Experimental API、Asynchronous modes of operation 等。

7.1.2 Source

Source 的作用是在檔案系統中找尋與提供 Servable，每個 Source 能夠提供多個 Servable stream，並且為每個 Servable stream 供應一個 Loader 實例，使其允許被載入或呼叫。

Source 能在不同的檔案系統找尋可用的 Servable，同時支援 RPC 協定，以進行遠端呼叫。

7.1.3 Loader

Loader 的作用是管理 Servable 的生命週期。Loader API 是一個獨立於學習演算法、資料或者產品用例的公共元件，並且能以標準化 API 載入或消滅一個 Servable。

7.1.4 Manager

Manager 會監聽 Source，以跟蹤所有的 Servable 版本。在資源充足的情況下，Manager 將載入從 Source 監聽到、所有需要的 Servable；但是當資源不足時，便拒絕載入 Servable 的新請求。Manager 支援基於策略的 Servable 卸載管理，當策略是保證所有時間內至少載入一個 Servable 版本時，則在載入完成新的 Servable 前，Manager 會延遲卸載舊版本的 Servable。

▶ 7.2 TensorFlow Serving 環境建置

TensorFlow Serving 環境建置有基於 Docker 和 Ubuntu 16.04 兩種方式，其中前者具有跨平台、操作簡單的特點，但是遮罩了建置細節；基於 Ubuntu 的建置方式，則要求掌握一定的 Linux 環境的軟體安裝知識。

7.2.1 基於 Docker 建置 TensorFlow Serving 環境

使用 Docker 建置 TensorFLow Serving 環境非常方便和快捷，安裝好 Docker 環境之後，可以直接使用下列命令下載和執行 Docker 鏡像。

```
1.    docker pull tensorflow/serving
2.    # 以部署 ResNet 模型為例
3.    docker run -p 8500:8500 -p 8501:8501 --name tfserving_resnet \
4.    --mount type=bind,source=/tmp/resnet,target=/models/resnet \
5.    -e MODEL_NAME=resnet -t tensorflow/serving
```

其中，TensorFlow Serving 預設的 8500 是 gRPC 通訊埠，8501 為 REST API 服務埠。

7.2.2 基於 Ubuntu 16.04 建置 TensorFlow Serving 環境

如果基於 Ubuntu 16.04 或其他 Linux 版本建置 TensorFlow Serving 環境，則過程稍微複雜一些，具體的安裝命令如下：

```
1.    # 先移除舊版本的 TensorFlow Server
2.    apt-get remove tensorflow-model-server
3.    # 增加安裝來源
4.    apt-get install curl
5.    echo "deb [arch=amd64] http://storage.googleapis.com/tensorflow-
      serving-apt stable tensorflow-model-server tensorflow-model-
      server-universal" | sudo tee /etc/apt/sources.list.d/tensorflow-
      serving.list &&
6.    curl https://storage.googleapis.com/tensorflow-serving-apt/
      tensorflow-serving.release.pub.gpg | sudo apt-key add -
7.
8.    # 更新來源，並安裝最新版本的 TensorFlow Server
9.    apt-get update && apt-get install tensorflow-model-server
10.
11.   # 安裝完成後，必須更新 TensorFlow Server 的版本
12.   apt-get upgrade tensorflow-model-server
```

▶ 7.3 API 詳解

實作本章的程式時，將使用三個主要的 API，分別是 tf.keras.models.load_model、tf.keras.experimental.export_saved_model 和 tf.keras.backend.set_learning_phase。

7.3.1 tf.keras.models.load_model

tf.keras.models.load_model 提供模型檔的載入功能，使用該 API 時，可以設定下列參數。

- filepath：設定模型檔的路徑。
- custom_objects：自訂網路物件的名稱，以重新恢復自訂的網路物件。
- compile：設定是否需要重新編譯載入的模型。

7.3.2 tf.keras.experimental.export_saved_model

tf.keras.experimental.export_saved_model 提供模型的匯出和儲存功能，為了使用 TensorFlow Serving 進行部署，需透過 tf.keras.experimental 的 export_saved_model 方法，以固定的格式匯出重新載入的模型。使用該 API 時，可以設定的參數如下。

- model：設定需匯出的模型，必須是 tf.keras.Model。
- saved_model_path：設定模型匯出的路徑。
- custom_objects：設定神經網路物件的名稱，例如自訂的網路層。
- serving_only：設定是否只部署模型，不再進行迭代訓練，預設為否。

7.3.3 tf.keras.backend.set_learning_phase

tf.keras.backend.set_learning_phase 提供在模型中學習模式的設定功能，可將學習模式設為 0 或 1，0 代表測試模式，1 代表訓練模式。使用該 API 時，可以設定的參數如下。

- value：設為 0 或者 1，0 代表測試模式，1 代表訓練模式。

▶ 7.4 專案工程結構設計

如圖 7-2 所示，整個專案工程結構分為兩部分：資料夾和程式檔。實作程式時，強烈建議以資料夾和程式檔的方式設計專案結構。所謂資料夾和程式檔的方式，就是指把所有的 Python 程式檔放在根目錄下，其他如靜態檔、訓練資料檔案和模型檔等，都置於資料夾中。

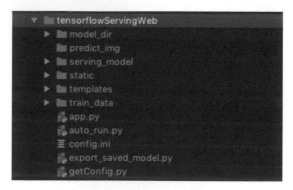

圖 7-2　專案工程結構

本專案分為三個部分，分別是模型檔匯出模組、模型檔部署模組和 Web 應用程式模組。模型檔匯出模組會將已載入的模型，匯出成 TensorFlow Serving 部署所需的檔案；模型檔部署模組提供 TensorFlow Serving 的部署功能；Web 應用程式模組則提供視覺化的人機互動功能。

在資料夾中，model_dir 存放訓練完成的模型檔，predict_img 存放上傳待預測的圖形，serving_model 存放 TensorFlow Serving 部署所需的檔案，static 和 templates 則存放 Web 應用程式所需的 HTML、JS 等靜態檔。

▶ 7.5 專案實作程式碼詳解

本章專案實作程式碼會開源至 GitHub 上，本節主要針對原始碼進行詳細說明，並講解相關的程式設計重點。專案實作程式碼包括工具類別、模型檔匯出模組、模型檔部署模組、Web 應用程式模組等程式碼。

7.5.1 工具類別實作

在實際的專案實作中，往往得反復調整參數，因此編寫一個工具來管理。當需要調整參數時，只需修改設定檔的參數值即可。

```
1.   # 匯入 configparser 套件，它是 Python 用來於讀取設定檔的套件，設定檔的
     格式為：[]( 其中包含的 section)
2.   import configparser
3.   # 定義讀取設定檔函數，分別讀取 section 的參數，section 包括 ints、
     floats、strings
4.   def get_config(config_file='config.ini'):
5.       parser=configparser.ConfigParser()
6.       parser.read(config_file)
7.       # 取得整數參數，按照 key-value 的形式儲存
8.       _conf_ints = [(key, int(value)) for key, value in parser.
     items('ints')]
9.       # 取得浮點數參數，按照 key-value 的形式儲存
10.      _conf_floats = [(key, float(value)) for key, value in parser.
     items ('floats')]
11.      # 取得字元參數，按照 key-value 的形式儲存
12.      _conf_strings = [(key, str(value)) for key, value in parser.
     items ('strings')]
```

```
13.     # 返回一個字典物件，包含讀取的參數
14.     return dict(_conf_ints + _conf_floats + _conf_strings)
```

對應本章專案，神經網路超參數的設定檔如下：

```
1.    [strings]
2.    # 設定模型檔路徑
3.    model_file = model_dir/cnn_model.h5
4.    # 設定部署模型檔路徑
5.    exeport_dir = serving_model/2
6.
7.    [ints]
8.    # 設定服務埠
9.    server_port=9000
10.
11.   [floats]
```

7.5.2 模型檔匯出模組實作

模型檔匯出模組會將模型檔從 .h5 格式，匯出為 Tensorflow Sering 所需的模型檔案格式。

```
1.    # 匯入所需的依賴套件
2.    import tensorflow as tf
3.    import getConfig
4.    gConfig={}
5.    gConfig=getConfig.get_config(config_file='config.ini')
6.
7.    # 將學習模式設為 0，0 代表測試模式，1 代表訓練模式
8.    tf.keras.backend.set_learning_phase(0)
```

```
9.    # 載入已經訓練完成的模型
10.   model = tf.keras.models.load_model(gConfig['model_file'])
11.   export_path = gConfig['exeport_dir']
12.   # 使用 tf.keras.experimental 的 export_saved_model 方法完成模型檔的匯出
13.   tf.keras.experimental.export_saved_model(model,
                                               export_path,
                                               serving_only=True
14.
15.   print(' 模型匯出完成 · 並儲存至：', export_path)
```

7.5.3 模型檔部署模組實作

模型檔部署模組主要實作 Tensorflow Serving 服務的啟動和停止。

```
1.    # 匯入所需的依賴套件
2.    import os
3.    import signal
4.    import subprocess
5.    import getConfig
6.    # 從設定檔讀取配置參數
7.    gConfig={}
8.    gConfig=getConfig.get_config()
9.    tf_model_server=''
10.
11.   try:
12.       # 先啟動 TensorFlow Serving 服務 · 完成模型的部署
13.       tf_model_server = subprocess.Popen(["tensorflow_model_server "
14.           "--model_base_path=gConfig['exeport_dir'] "
15.           "--rest_api_port=gConfig['server_port']
16.           --model_name=ImageClassifier"],
```

```
17.            stdout=subprocess.DEVNULL,
18.            shell=True,
19.            preexec_fn=os.setsid)
20.     print("TensorFlow Serving 服務啟動成功！")
21.
22.     # 以下實作退出機制，保證同時退出 Tensorflow Serving 服務
23.     while True:
24.         print(" 輸入 q 或者 exit，按 Enter 鍵退出程式： ")
25.         in_str = input().strip().lower()
26.         if in_str == 'q' or in_str == 'exit':
27.             print(' 停止所有服務 ...')
28.             os.killpg(os.getpgid(tf_model_server.pid),
    signal.SIGTERM)
29.
30.             print(' 服務停止成功！ ')
31.             break
32.         else:
33.             continue
34. except KeyboardInterrupt:
35.     print(' 停止所有服務中...')
36.     os.killpg(os.getpgid(tf_model_server.pid), signal.SIGTERM)
37.     print(' 所有服務停止成功！ ')
```

7.5.4 Web 應用程式模組實作

Web 應用程式模組主要實作預測、圖片上傳、預測結果返回等功能。

```
1.    import flask
2.    import werkzeug
3.    import os
```

```
4.     import scipy.misc
5.     import getConfig
6.     import requests
7.     import pickle
8.     from flask import request, jsonify
9.     import numpy as np
10.    from PIL import Image
11.    gConfig = {}
12.    gConfig = getConfig.get_config(config_file='config.ini')
13.
14.    # 產生一個 Flask 應用的實體，命名為 imgClassifierWeb
15.    app = flask.Flask("imgClassifierWeb")
16.    # 定義預測函數
17.    def CNN_predict():
18.        # 取得圖片分類名稱存放的檔案
19.        file = gConfig['dataset_path'] + "batches.meta"
20.        # 讀取圖片分類名稱，存放到一個字典中
21.        patch_bin_file = open(file, 'rb')
22.        label_names_dict = pickle.load(patch_bin_file)["label_names"]
23.        # 全域宣告一個檔案名稱
24.        global secure_filename
25.        # 從本地目錄讀取需要分類的圖片
26.        img = Image.open(os.path.join(app.root_path, secure_filename))
27.        # 將讀取的像素格式轉換為 RGB，並分別取得 RGB 通道對應的像素資料
28.        r,g,b=img.split()
29.        # 分別將取得的像素資料放入陣列
30.        r_arr=np.array(r)
31.        g_arr=np.array(g)
32.        b_arr=np.array(b)
33.        # 拼接三個陣列
```

```
34.        img=np.concatenate((r_arr,g_arr,b_arr))
35.        # 對拼接後的資料進行維度變換和正規化處理
36.        image=img.reshape([1,32,32,3])/255
37.        # 將處理後的資料組裝成 JSON 格式
38.        payload=json.dumps({"instances":image.tolist()})
39
40.        # 透過 API 的方式呼叫已經部署的模型服務，以 JSON 格式返回結果
41.      predicted_class=requests.post('http://localhost:9000/v1/models/
    ImageClassifier:predict', data=payload)
42.
43.        # 使用 json.loads 解析返回的結果，並取得 predictions 對應的值
44.        predicted_class=np.array(json.loads(predicted_class.text)
    ["predictions"])
45.
46.        # 使用 argmax 取得預測結果最大值元素對應的索引，並於字典找出對應
    的分類名稱
47.        index = tf.math.argmax(predicted_class[0]).numpy()
48.        predicted_class=label_names_dict[index]
49.
50.        # 利用頁面範本渲染返回的結果
51.        return flask.render_template(template_name_or_list=
    "prediction_result.html", predicted_class=predicted_class)
52.
53. app.add_url_rule(rule="/predict/", endpoint="predict", view_func=
    CNN_predict)
54.
55. def upload_image():
56.    global secure_filename
57.    if flask.request.method == "POST":   # 設定 request 的模式為 POST
58.        # 取得需要分類的圖片
```

```
59.          img_file = flask.request.files["image_file"]
60.          # 產生一個沒有亂碼的檔名
61.          secure_filename = werkzeug.secure_filename(img_file.
     filename)
62.          # 取得圖片的路徑
63.          img_path = os.path.join(app.root_path, secure_filename)
64.          # 將圖片儲存在應用程式的根目錄下
65.          img_file.save(img_path)
66.          print("圖片上傳成功！")
67.          return flask.redirect(flask.url_for(endpoint="predict"))
68.      return "圖片上傳失敗！"
69.
70.  # 增加圖片上傳的路由入口
71.  app.add_url_rule(rule="/upload/", endpoint="upload", view_func=
     upload_image, methods=["POST"])
72.
73.  def redirect_upload():
74.      return flask.render_template(template_name_or_list= "upload_
     image.html")
75.  # 增加預設首頁的路由入口
76.  app.add_url_rule(rule="/", endpoint="homepage", view_func=
     redirect_upload)
77.  if __name__ == "__main__":
78.      app.run(host="127.0.0.1", port=7777, debug=False)
```

A

參考資料

[1]　Python 基礎教程。https://www.runoob.com/python/python-variable-types.html。

[2]　pandas 0.25.2 documentation。https://pandas.pydata.org/pandas-docs/stable/user_guide/indexing.html。

[3]　Pillow Handbook。https://pillow.readthedocs.io/en/stable/handbook/tutorial.html#geometrical-transforms。

[4]　TensorFlow 2.0 Preview。https://www.tensorflow.org/versions/r2.0/api_docs/python/tf。

[5]　TensorFlow 2.0 指南。https://www.tensorflow.org/guide?hl=zh-cn。

[6]　如何用 Keras 從頭開始訓練一個在 CIFAR10 上準確率達到 89% 的模型。https://zhuanlan.zhihu.com/p/29214791。

[7] CNN 初學者——從這入門。https://blog.csdn.net/kanghe2000/article/details/70940491。

[8] 伊恩‧古德費洛、約書亞‧本吉奧、亞倫‧庫維爾，深度學習。趙申劍、黎彧君、符天凡、李凱譯，北京：人民郵電出版社，2017 年 8 月。

[9] TensorFlow 2.0 Tutorial。https://www.tensorflow.org/tutorials?hl=zh-cn。

[10] 帶你理解 CycleGAN，並用 TensorFlow 輕鬆實現。https://zhuanlan.zhihu.com/p/27145954。

[11] CycleGAN Tutorial。https://www.tensorflow.org/tutorials/generative/cyclegan。

[12] Transformer 詳解。https://zhuanlan.zhihu.com/p/44121378。

[13] Transformer model for language understanding。https://www.tensorflow.org/tutorials/text/transformer。

[14] Tensorflow Serving 部署流程。https://zhuanlan.zhihu.com/p/42905085。

[15] Using the SavedModel format。https://www.tensorflow.org/guide/saved_model。

[16] Architecture TFX。https://www.tensorflow.org/tfx/serving/architecture。